INVENTOS QUE CAMBIARON EL MUNDO PARA SIEMPRE

Descubre los Revolucionarios Inventos que Transformaron Nuestras Vidas

BUD ROGERS

© Copyright 2024 – Bud Rogers - Todos los derechos reservados.

Este documento está orientado a proporcionar información exacta y confiable con respecto al tema tratado. La publicación se vende con la idea de que el editor no tiene la obligación de prestar servicios oficialmente autorizados o de otro modo calificados. Si es necesario un consejo legal o profesional, se debe consultar con un individuo practicado en la profesión.

- Tomado de una Declaración de Principios que fue aceptada y aprobada por unanimidad por un Comité del Colegio de Abogados de Estados Unidos y un Comité de Editores y Asociaciones.

De ninguna manera es legal reproducir, duplicar o transmitir cualquier parte de este documento en forma electrónica o impresa.

La grabación de esta publicación está estrictamente prohibida y no se permite el almacenamiento de este documento a menos que cuente con el permiso por escrito del editor. Todos los derechos reservados.

La información provista en este documento es considerada veraz y coherente, en el sentido de que cualquier responsabilidad, en términos de falta de atención o de otro tipo, por el uso o abuso de cualquier política, proceso o dirección contenida en el mismo, es responsabilidad absoluta y exclusiva del lector receptor. Bajo ninguna circunstancia se responsabilizará legalmente al editor por cualquier reparación, daño o pérdida monetaria como consecuencia de la información contenida en este documento, ya sea directa o indirectamente.

Los autores respectivos poseen todos los derechos de autor que no pertenecen al editor.

La información contenida en este documento se ofrece únicamente con fines informativos, y es universal como tal. La presentación de la información se realiza sin contrato y sin ningún tipo de garantía endosada.

El uso de marcas comerciales en este documento carece de consentimiento, y la publicación de la marca comercial no tiene ni el permiso ni el respaldo del propietario de la misma.

Todas las marcas comerciales dentro de este libro se usan solo para fines de aclaración y pertenecen a sus propietarios, quienes no están relacionados con este documento.

Índice

Introducción — vii

1. Papel — 1
2. La Brújula — 9
3. La Prensa Impresa — 19
4. El Motor De Vapor — 29
5. Electricidad — 41
6. Las Vacunas — 53
7. Refrigeración — 65
8. El Avión — 79
9. Penicilina — 93
10. La Computadora — 103
11. Motor De Combustión Interna — 115
12. Los Antibióticos — 121
13. Engranajes — 129
14. La Pólvora — 147

Conclusión — 161

Introducción

Los seres humanos por naturaleza son solucionadores de problemas. Nuestros cerebros son lo que nos distingue de todos los demás animales con los que compartimos el planeta.

El cerebro humano ha cambiado el mundo en el que vivimos, al encontrar soluciones a los problemas a los que nos hemos enfrentado. Si piensas por un momento en ti y en tú día hasta ahora, es muy probable que ya hayas resuelto algunos problemas por tu cuenta.

Esa habilidad tan humana para resolver un problema o abordar una necesidad se encuentra a menudo al comienzo de los diez inventos que se tratan en este libro, ¡inventos que han cambiado nuestro mundo!

La mayoría comenzó con alguien que preguntaba: "¿Qué puedo hacer para resolver este problema?"

Introducción

Tómate un momento para mirar alrededor. Casi todo lo que ves fue alguna vez una idea en la cabeza de alguien. La persona pensó, "Me pregunto si esto podría funcionar".

Entonces intentaron algo. La mayoría de las veces no funcionó - al menos, no la primera vez! A veces funciona, pero no tan bien.

Otras veces, la idea podría no haber funcionado para esa persona, pero luego de un tiempo, otra persona tomó esa idea original, hizo algunos cambios y, de repente, tuvo un nuevo invento que cambió y mejoró la forma en que hacemos cosas.

En este libro, aprenderás sobre invenciones que, en algunos casos, probablemente ni siquiera considerarán invenciones. Algo como papel, por ejemplo. Es un elemento tan común en nuestro mundo actual que olvidamos que, en algún momento de nuestra historia, no había papel.

Piensa en ese mundo. Nada para escribir una carta o una lista, ni libros, ni periódicos, ni papel moneda. Imagínate si vivieras en esa época. ¡Imagínate cómo habría cambiado drásticamente su vida una vez que se inventó el papel!

Las historias detrás de estos diez inventos nos enseñan cuán importantes son la visión y la perseverancia para alcanzar el éxito. A veces se ridiculizaba la creación del inventor, pero continuaron, no obstante.

Introducción

A veces, un inventor intentaba resolver un problema de una manera y luego, accidentalmente, lo resolvía de otra, lo que conducía a la nueva invención.

Incluso después de ese éxito, a veces ganaban muy poco dinero con su invento.

Mirando hacia atrás, podemos estar agradecidos de que estas personas resistentes, contra viento y marea, trabajaron para encontrar la respuesta al problema que estaban tratando de resolver y crearon estos importantes inventos que tanto han ayudado al mundo.

Cada capítulo del libro está dedicado a un invento, la historia detrás de él, las pruebas y los éxitos del inventor o inventores, y la forma importante en que el invento cambió el mundo para siempre.

1

Papel

El papel puede parecer un invento simple para comenzar este libro, pero tómate un minuto para pensarlo. ¿Dónde se usa el papel?

Es probable que no pase un solo día sin que escribas en una hoja de papel. Los libros, las revistas y los periódicos no existirían sin la invención del papel. Los sellos, el papel moneda y los recibos que te dan en el supermercado o en el cine están todos hechos de este simple invento llamado papel.

Puede que te sorprenda saber que hoy en día el mayor uso del papel es el embalaje: cajas, envoltorios y varios trozos de cartón que protegen tus productos para que no se rompan cuando te los envían.

. . .

El papel es especialmente importante para la sociedad, ya que lo usamos para difundir conocimientos y comunicarnos.

La gente ha estado tratando de comunicar sus pensamientos e ideas desde el momento en que pintaban en las paredes de las cuevas.

Después de eso, durante mucho tiempo, la escritura se hizo en tablillas de arcilla. Escribir algo lo preserva. Permite que la idea o pensamiento se transmita a la siguiente generación.

En China, durante el siglo III a. C., a Meng Tian se le atribuye la creación de un pincel hecho con pelo de animal que era bueno para escribir (esto puede ser erróneo).

Los humanos tenían una herramienta para escribir, pero no fue hasta el año 105 EC que tuvieron una superficie conveniente para escribir: el papel.

Los arqueólogos han encontrado restos de una especie de papel que datan de antes, incluso del año 200 a. Este papel ha sido descubierto en el Tíbet, donde sobrevivió debido a las condiciones secas del lugar. Sin embargo, la mayoría está de acuerdo en que el método moderno de hacer papel que usamos hoy en día fue descubierto por un sirviente del emperador en China:

En 105 EC, un hombre que trabajaba dentro de la residencia real del emperador Hedi de la dinastía Han del Este en el desarrollo de China operó una nueva mezcla y técnica para hacer papel que condujo al método moderno que usamos hoy. La invención cambió el rumbo de la historia humana. El nombre de ese hombre era Cai Lun.

Cai nació en una familia pobre entre el 50 y el 62 EC; no se sabe exactamente cuándo. También se desconoce cómo pasó de vivir con su familia pobre en un pueblo rural a convertirse en una parte importante de la casa del emperador.

Primero trabajó en la residencia real como chambelán, administrador de la casa, bajo el emperador Ming. Debe haber sido un servidor leal y de confianza, ya que fue ascendido a un puesto en el que llevaba mensajes entre los distintos departamentos de la residencia real y más allá.

Cuando el Emperador He ascendió al poder en el 88 d.C., se le dio a Cai dos cargos muy importantes dentro de la residencia real: consejero político del emperador y supervisor del Taller de Palacio (donde se fabricaban instrumentos y armas).

Era conocido por su excelente artesanía al hacer armas ceremoniales.

Fue allí, en el Taller de Palacio, donde Cai inició sus primeras investigaciones para mejorar la fabricación del papel. Muchas personas en ese momento estaban investigando cómo hacer papel, y Cai probablemente usó sus éxitos y fracasos para llegar a su método final.

En este momento en China, la escritura se hacía sobre bambú o tiras de madera. Estos eran pesados y difíciles de manejar. Otras veces se usaba tela de seda, pero ambas eran muy caras. En ambos casos, las limitaciones del material sobre el que estaban escribiendo hacían que poseer algo escrito fuera raro.

Esta situación también significaba que pocas personas sabían leer o escribir. Cai sabía que se requería un material que fuera liviano, económico y hecho de materiales fácilmente disponibles que se pudieran encontrar en casi cualquier lugar.

El método final que Cai le presentó al emperador Hedi en 105 CE se ajustaba a todos estos parámetros. Usó bambú, desechos de la planta de cáñamo, trapos viejos y redes de pescar, y la corteza de un árbol, probablemente morera. Mezcló estos materiales con agua y los hirvió.

Luego golpeaba la mezcla con un mazo de piedra o de madera.

Mezcló la mezcla resultante llamada pulpa con más agua. Luego, vertió esa mezcla a través de un paño estirado entre un marco de bambú. Esparció la mezcla de pulpa finamente llegando a todos los bordes del marco.

El marco de tela filtraba el agua. Luego dejó secar la mezcla. Después de que se secó, Cai tenía una hoja de papel grande y plana. Cai presentó su nuevo método de fabricación de papel al Emperador Hedi. El emperador dio la bienvenida al método. El papel pronto llegó al lugar común en el palacio.

Para documentos oficiales, el papel estaba teñido de amarillo, que era el color imperial. El tinte tenía el beneficio adicional de evitar que los insectos se comieran el papel.

El método se extendió rápidamente por todo el mundo.

Para el año 500 d. C., los artesanos de la península de Corea fabricaban papel de manera similar. Para la fibra para crear la pulpa, en lugar de usar bambú, usaron paja de arroz o algas. En 610 CE, el monje budista coreano Don-Cho enseñó a los japoneses el método de fabricación de papel.

En el siglo IX, el mundo islámico se había entusiasmado con el papel.

En su libro sagrado, el Corán, dice que un buen musulmán necesita buscar conocimiento. El papel ayudó a los musulmanes a hacer eso. Produjeron libros que difundieron el conocimiento en todo el mundo en los campos de las matemáticas, la astronomía, la medicina, la ingeniería y la agricultura.

En Europa, todavía se escribía en pergamino caro. Aunque era costoso, les llevó mucho tiempo adoptar la nueva tecnología del papel. Incluso en el siglo XIII, muchas personas nobles eran analfabetas debido a las limitaciones del pergamino.

Europa tuvo su primera fábrica de papel en 1120 EC en Valencia, España. Más tarde, se abrieron fábricas de papel en Italia, Alemania y el resto de Europa.

De vuelta en China, Cai fue celebrado por su invento y se hizo bastante rico. Se le concedió una recompensa por su servicio imperial y el título de marqués. También se le asignó el importante trabajo de supervisar la redacción de una nueva edición de los Cinco Clásicos, el libro más importante de la religión del confucianismo chino.

Desafortunadamente, más tarde fue condenado por asesinato y sometido a la muerte. En lugar de esperar su destino, se suicidó. El papel alteró el camino de la historia humana. Creó industrias completamente nuevas.

El papel comenzó a usarse para hacer que naciera el dinero y la industria bancaria. Una vez impreso, llegó la tecnología, los diarios y los periodistas apareció quien escribía para ellos.

El papel también condujo a la industria editorial ya los muchos millones de libros que contienen el conocimiento y la creatividad humanos.

Hoy en día, la fabricación de papel es una industria próspera. El legado de Cai sigue vivo a partir de 2020, China seguía siendo el fabricante de papel número uno en el mundo, produciendo 104,35 millones de toneladas ese año.

2

La Brújula

La brújula es un instrumento que se utiliza para ayudarnos a saber hacia dónde vamos, ¡para que no nos perdamos! Las brújulas tienen una aguja magnética en el medio. Si se deja que se mueva por sí sola, la aguja apuntará al norte.

La Tierra tiene un campo magnético a su alrededor creado por los polos norte y sur. Puedes pensar en nuestro planeta como un imán gigante. Ya has jugado con imanes y sabes que el extremo sur de un imán será atraído por el extremo norte de otro imán.

Lo mismo sucede en una brújula.

El extremo sur de la aguja magnética de la brújula suele estar pintado de rojo.

. . .

El rojo será atraído por el norte magnético de la tierra y apuntará en dirección norte sin importar hacia dónde lo mires. La aguja girará para señalar el extremo rojo hacia el norte. Así es como te ayuda a ver a dónde ir.

La cara de una brújula estará marcada con los puntos cardinales: norte, sur, este y oeste. Entonces, al girar la brújula de modo que la parte roja de la aguja quede sobre el norte en la cara de la brújula, puede señalar los puntos cardinales principales dondequiera que esté.

Esto combinado con un mapa puede permitirte encontrar tu camino y navegar a través de un área con la que no estás familiarizado. La brújula magnética fue descubierta hace más de 2000 años, pero al principio no la usaban para navegar.

Eso llevó otros mil años. Cuando la brújula se descubrió por primera vez, se usaba para leer el futuro. Durante la dinastía Han de China, en algún momento entre el 300 y el 200 a. C., los chinos descubrieron los llamados imanes.

Descubrieron que si colgaba un imán de una cuerda para que pudiera moverse libremente, se alinearía en cierta dirección, a saber, norte y sur. Es posible que hayan visto esto como una especie de magia, y definitivamente pensaron que era un mensaje divino de algún tipo.

Inventos que Cambiaron el Mundo para Siempre

Usando la piedra imán, crearon un dispositivo llamado South Pointer. Estaba hecho de una pieza de imán con forma de cuchara que se asentaba sobre un disco de bronce. Estaba hecho de modo que el mango de la piedra imán, cuando se podía mover libremente, mirara hacia el sur y el cuenco de la cuchara mirara hacia el norte.

Había información vital tallada en el disco de bronce, sobre constelaciones de estrellas, los puntos cardinales y otros símbolos importantes. Cuando la cuchara de magnetita se colocaba sobre el disco de bronce, giraba casi mágicamente hasta que el mango miraba hacia el sur y el cuenco hacia el norte.

Desde el hilado y donde se encuentran las distintas partes del frente a una cuchara de magnetita, se podía leer una fortuna. En China también usó el South Pointer en su práctica llamada Feng Shui.

El feng shui es el arte de arreglar un hogar con todo en la dirección correcta para que las personas puedan vivir en armonía con su entorno.

En este momento, para hacer viajes largos, una persona usaba puntos de referencia y la posición del sol y las estrellas para guiarse. Esto podría volverse difícil si estaba nublado o con niebla.

También hizo que fuera peligroso emprender viajes en mar abierto donde no hay puntos de referencia a miles de millas. Como tal, los barcos no podían cruzar océanos. Hacia el año 850 d.C., los chinos desarrollaron una brújula magnética que podía utilizarse para la navegación en mar abierto.

También habían descubierto que cualquier pieza de hierro podía magnetizarse golpeándola con un imán. Así, las agujas utilizadas en las primeras brújulas de navegación podían ser imán o una pieza de hierro imantado.

La aguja estaba unida a un trozo de madera o corcho y flotaba en un recipiente con agua. La gente podría usar esto para encontrar el norte magnético. Se llamaba brújula húmeda.

Aunque una brújula mojada era útil, no era perfecta. Había un problema que los chinos aún no habían descubierto. Este problema era algo llamado variación. El polo norte de la Tierra, que se llama el norte verdadero, no está exactamente en el norte magnético del planeta.

La distancia entre el polo norte de nuestro planeta, el norte verdadero, y el punto real del norte magnético es de unas quinientas millas.

. . .

Si estás en el ecuador, esta variación entre el norte verdadero y el norte magnético no afectará mucho a tu navegación.

Pero a medida que te alejas del ecuador, la variación aumenta, a veces hasta tal punto que puedes desviarte muchas millas y pronto perderte, ¡especialmente en mar abierto! Debido a esto, aunque los marineros tenían la brújula húmeda, no confiaban demasiado en ella, ya que no era del todo precisa cuando estaban lejos del ecuador.

En el siglo XI, durante la dinastía Song en China, vivía un hombre brillante, talentoso en una amplia gama de áreas, desde la economía hasta las matemáticas, desde la poesía hasta la astronomía. Su nombre era Shen Kuo, y descubrió esta variación y escribió sobre ella en su libro Dream Pool Essays. Explicó la importancia de la variación y cómo corregirla.

Esto cambió todo. Ahora las brújulas podrían ser mucho más precisas. En el campo de las matemáticas, desarrolló técnicas que sentaron las bases para la trigonometría esférica y las progresiones aritméticas de alto orden.

Pronto los chinos estaban usando brújulas para la navegación. Pasaron el invento a los musulmanes y los musulmanes se lo pasaron a los europeos.

Ahora la gente podía navegar de forma fiable tanto en mar abierto como en tierra y viajar a lugares extraños donde nunca antes habían viajado.

La brújula fue lo que permitió la Era de los descubrimientos del siglo XV al XVIII. Durante este tiempo, las rutas del mar fueron descubiertas y mapeadas.

Los conquistadores españoles viajaron a través del Océano Atlántico y encontraron las civilizaciones azteca e inca en América Central y del Sur.

Descubrieron nuevos alimentos, minerales y otros tipos de recursos que se llevaron a España.

Los europeos navegaron a través del océano y vieron la amplia extensión de América del Norte. Poco tiempo después, establecieron colonias a lo largo de la costa este que se convirtió en el comienzo de lo que se convertiría en los Estados Unidos de América.

El lejano Oriente, Japón y las islas de Indonesia pronto se conectaron con el resto del mundo. La gente se movía por todo el mundo, navegando a través de los mares a lugares que no se sabía que existía y no podía haberlo imaginado antes de la invención de la humilde brújula.

Cuando los barcos de madera fueron reemplazados por otros de hierro y acero y cuando los aviones de metal surcaron los cielos, la brújula se topó con otro problema. El metal de estos barcos y aviones interfería con la capacidad de la brújula para encontrar el norte y, por lo tanto, su uso para la navegación. Este problema se llama desviación.

Pronto se encontró una solución. Si la brújula está rodeada por imanes de barras de hierro llamadas barras de Flinders o bolas de hierro dulce llamadas esferas de Kelvin, se puede evitar la desviación. Entonces, una vez más, la brújula tomó su posición como la principal herramienta de navegación para viajar.

Las brújulas de mano modernas que la gente usa cuando van de excursión tienen una aguja que flota en un líquido, a menudo alcohol o queroseno. Por lo demás, tienen el mismo principio básico que las brújulas que usaban los chinos hace tanto tiempo.

Hoy en día, la mayoría de los barcos y aviones navegan utilizando el Sistema de Posicionamiento Global (GPS). Esto envía su posición a los satélites que giran alrededor del planeta para establecer dónde estás y adónde quieres ir para ayudarte a encontrar tu camino.

. . .

El GPS se descubrió en la década de 1970, pero sólo recientemente ha sido utilizado ampliamente y por el público en general. Fue al principio utilizado sólo por el ejército.

La brújula fue la estrella del mundo de la navegación hasta hace muy poco tiempo. Al igual que los otros inventos de este libro, cambió drásticamente el curso de la historia humana.

Imagínate lo diferente que podría haber sido el mundo si los viajes a través de los mares no hubieran sido posibles. De hecho, es un invento increíble.

¿SABÍAS QUÉ?

La palabra inglesa para papel proviene de la palabra egipcia para papiro. El papiro es una planta que se puede encontrar en la zona pantanosa alrededor del río Nilo. En la antigüedad, los egipcios usaban hojas de papiro como papel. La pieza de papiro más antigua que se conserva con escritura es del año 3000 a.

Cuando cortas un árbol, en la sección transversal del tronco puedes ver líneas que representan el crecimiento. El espacio entre las líneas es más ancho en el lado sur del árbol.

Las personas perdidas en el bosque pueden usar un árbol cortado para ayudarlos a encontrar su dirección como una brújula.

En el siglo VI, los japoneses desarrollaron el arte del origami, el doblado de papel en hermosos objetos como cisnes y grullas. Inicialmente fue una forma de arte reservada para ceremonias importantes. Pero en el siglo VII, se convirtió en una forma de entretenimiento y pronto la gente de todo el mundo comenzó a practicarlo.

Un solo pino puede producir 80.500 hojas de papel. Al mismo tiempo, si reciclamos una tonelada de papel cada año, habremos salvado diecisiete árboles.

La cara de una brújula se llama rosa. Se compone de los cuatro puntos cardinales, así como de los ocho puntos intercardinales, como el suroeste, el noreste y el noroeste.

También puede tener direcciones intercardinales secundarias, como norte o noroeste.

Los fabricantes de papel a menudo hablan del diente de papel. El diente describe cuán suave o áspera es la superficie del papel. La gente quiere papel con diversos tipos de superficies para diferentes usos.

Cuando te paras exactamente en el punto del norte magnético sosteniendo una brújula, la aguja girará en círculos. Esto se debe a que está tratando de encontrar el norte magnético, pero el norte magnético está en todas las direcciones en ese lugar.

Cuando un matrimonio celebra su primer aniversario, es tradición hacerles un regalo de papel.

Las competiciones de orientación son cada vez más populares. Las personas, ya sea a pie, en bote o en un vehículo, reciben mapas y brújulas. Deben usar solo esas herramientas para encontrar el camino a varios lugares. ¡La persona o el grupo más rápido que llegue a todos los lugares marcados son los ganadores!

El papel es uno de los más importantes por completo. recursos sostenibles. Lo hacemos a partir de árboles que se pueden plantar y luego pueden volver a crecer. Además, el papel de desecho se puede reciclar y convertir en papel nuevo. Según la American Forest and Paper Association de Washington, Estados Unidos recicló el 65,7% de su papel usado en 2020.

3

La Prensa Impresa

La imprenta es una máquina en la que las letras cubiertas de tinta se presionan sobre el papel para producir páginas de texto. Una imprenta se utiliza para imprimir libros, así como carteles, folletos, artículos de papelería y todo tipo de otras cosas.

La invención de la imprenta es la historia de muchas personas construyendo sobre las ideas previas de otros y perfeccionando el proceso. Algunas de las contribuciones de los innovadores fueron fundamentales para llevarnos a la industria de impresión moderna que tenemos ahora.

Nuevamente, comenzamos nuestro viaje hacia la imprenta moderna en China. Nadie sabe exactamente quién o cuándo se inventó la primera imprenta, pero sí sabemos que estaban usando una en China en 868 CE. La imprenta es uno de los Cuatro Grandes Inventos Chinos.

Ya hemos aprendido sobre el papel y la brújula, la imprenta es el tercero y la pólvora es el cuarto.

Sabemos que la imprenta se inventó en 868 CE porque el texto impreso más antiguo que se conserva es de ese año.

Es un libro budista llamado El Sutra del Diamante, que se imprimió en Dunhuang, China. Fue impreso con impresión de bloques. En este proceso, toda la página se talla en la madera con las letras talladas al revés para que puedan aparecer correctamente en la superficie impresa.

Ese bloque de madera tallado se cubre con tinta, luego se presiona sobre él papel, tela o algún tipo de pergamino, y el texto aparece en el papel. El bloque de madera tallado se puede usar una y otra vez para hacer muchas páginas iguales.

Si bien el libro data del año 868 d. C., se encontró recién en 1907, después de haber permanecido oculto durante casi 1000 años. Así fue como se imprimió El Sutra del Diamante.

Antes de esto, los libros se escribían a mano de una manera costosa y que consumía mucho tiempo.

. . .

Con la imprenta, la producción de un libro y, de hecho, muchos libros al mismo tiempo, se aceleró considerablemente.

La ciudad de Dunhuang parece haber sido un centro de imprenta en China. Para el año 877 EC, estaban imprimiendo todo tipo de cosas que han sobrevivido a lo largo del tiempo. Incluyen calendarios, guías de etiqueta en bodas y funerales, diccionarios, artículos para enseñar a los niños y varios gráficos. También en este momento, comenzaron a producir libros en la forma que conocemos ahora. Antes de eso, los libros se hacían en rollos.

Uno de los principales desarrollos en la historia de la imprenta fue de Bi Sheng, quien vivió en Ying Shan Hubei, China desde 907-1051 CE. Creó letras móviles que podían usarse una y otra vez. Creó las letras con arcilla que luego se horneaba y luego se convertía en porcelana china.

Las letras se colocaron en marcos de metal para crear palabras, oraciones y la página completa de un libro. Este proceso de colocar las letras móviles individuales en los marcos se llama composición tipográfica. Este fue un proceso que requería mucho tiempo y que debía ser realizado por personas increíblemente cuidadosas.

. . .

La mejora importante fue que las letras se podían usar repetidamente y organizar en diferentes oraciones y páginas.

Anteriormente, cuando tallaban toda la página en una sola pieza de madera, solo podía usarse para esa página en particular. ¡Así que la mejora de Bi Sheng fue muy importante!

Tal vez recuerdes que cuando aprendimos sobre la brújula, mencionamos el libro Dream Pool Essays del polifacético Shen Kuo. En ese mismo libro, Shen Kuo escribió sobre Bi Sheng y sus avances revolucionarios en la imprenta. Dice que además de tener texto móvil, optó por usar arcilla cocida (convertida en porcelana china) en lugar de madera porque las letras permanecían iguales y no se afectaban por la humedad como la madera.

Convirtió el texto que se produjo en una obra de arte más uniforme.

En China, la imprenta cambió su sociedad. En la época de la dinastía Song del Sur (1127-1279), los libros estaban muy extendidos en su país. La alfabetización ya no era solo para la realeza y la élite.

Ahora incluso la gente común podía leer y ser educada.

. . .

Las colecciones de libros se convirtieron en un símbolo de estatus para los ricos. El primer libro producido en masa fue uno sobre prácticas agrícolas titulado Nung Shu, escrito por Wang Chen y publicado en 1313. Las copias del libro se extendieron hasta Europa.

Sorprendentemente, se necesitaron 150 años después del libro de Wang Chen para que la primera imprenta funcionara en Europa. Cuando finalmente sucedió, fue gracias a un orfebre llamado Johannes Gutenberg de Mainz, Alemania. A menudo se dice incorrectamente que Gutenberg es el inventor de la imprenta. No lo es, pero hizo algunas innovaciones importantes que cambiaron todo el proceso. Muchos de sus cambios todavía se utilizan hoy en día en la imprenta moderna.

Primero, entre las innovaciones de Gutenberg, consideró la composición tipográfica y el proceso de impresión como dos ocupaciones separadas. Como orfebre, tenía un amplio conocimiento de metales y moldes. Sabía que ser capaz de hacer tipos de letra rápidamente, las letras individuales que usaban los tipógrafos, podría ser un negocio lucrativo por sí solo. Utilizó un proceso llamado fundición de réplicas para producir tipos de letra móviles.

Para empezar, hizo un molde en la arena para una carta. Él vertería latón líquido en la arena para crear un molde permanente para esa letra.

Luego creó una mezcla de metales, una aleación, de plomo. Luego, vertió el plomo líquido en el latón para crear las letras que usaría para imprimir. Tuvo mucho cuidado de que las letras fueran del mismo tamaño para que encajaran perfectamente en el marco. Tenga en cuenta que necesitaba muchas letras para establecer una página completa de texto, pero no solo letras, también puntuación, así como espacios.

Mira esta misma página que estás leyendo. Imagina por un momento tener que escribirlo a mano. ¡Gutenberg y sus trabajadores se tomaron un día entero para escribir una sola página!

Otra de las innovaciones de Gutenberg que mejoró la imprenta fue producir su propia tinta a base de aceite que! pegado en su tipografía de aleación de plomo. Gutenberg experimentó con varias combinaciones de los componentes trementina, aceite de linaza, aceite de nuez, brea, negro de humo y resina hasta que encontró la mezcla adecuada para el negro aún radiante de las letras de sus grabados. Esa misma aleación de plomo se usa en un tipo de letra moderna.

Gutenberg fue un hombre que se aprovechó del mundo que le rodeaba. Obtuvo una de sus ideas de la industria del vino: la prensa de tornillo que se usaba para triturar uvas.

. . .

En su imprenta, integró la prensa de tornillo para presionar el marco tipográfico de letras, cubiertas de tinta, contra el papel. Adaptó la prensa de tornillo para que distribuyera la presión uniformemente cuando se giraba el tornillo. Esto significaba que las letras entintadas también aparecían uniformemente en el papel.

El papel se colocó sobre una superficie plana unida a la prensa. Se abrió como una puerta. El papel se colocó sobre alfileres y luego se mantuvo en su lugar mediante un marco.

Una vez cerrado sobre las letras entintadas, el papel con la página tipográfica de letras metálicas se enrollaba bajo la prensa, que se atornillaba fuertemente. Cuando se desenroscó, el papel se enrolló y se soltó de su marco. Ahora contenía el texto impreso, y se colocó un nuevo papel en blanco en su lugar y se repitió el proceso.

En 1452, Gutenberg usó su prensa de esta manera para imprimir la Biblia de Gutenberg, un libro ahora famoso, el único libro que imprimió Gutenberg. Hizo 180 copias. El libro tenía 1.300 páginas, cada página con cuarenta y dos líneas en dos columnas.

Experimentó con el color en algunas de las copias.

· · ·

Aunque tomaba un día colocar el tipo de letra en las bandejas, la imprenta de Gutenberg podía imprimir 3600 copias de una página en particular por día.

Desafortunadamente, a pesar de todo lo que hizo para mejorar la imprenta, tres años más tarde, el socio comercial de Gutenberg, Johann Fust, lo demandó y se quedó con todo su equipo. Sin embargo, finalmente fue recompensado por sus importantes contribuciones y se le otorgó un título real con un estipendio mensual.

Lentamente, la tecnología de la imprenta perfeccionada por Gutenberg se extendió por toda Europa. En 1476, William Caxton puso en marcha la primera imprenta del Reino Unido en Westminster, donde trabajó como impresor para la monarquía. La primera imprenta llegó a América a mediados del siglo XVII.

Una nota al margen a considerar es el tipo de letra real. Hoy lo consideramos como una fuente, un determinado conjunto de letras de un determinado estilo. El primer tipo de letra utilizado en los primeros días de la imprenta fue Blackletter. Es el tipo de letra que usó Gutenberg para su Biblia. No fue perfecto porque cada letra ocupa mucho espacio.

. . .

Esto significa que solo pueden caber tantas líneas de texto en una página. En 1470, Nicolas Jensen quería un tipo de letra más simple y creó Roman, lo que le permitió imprimir libros más cortos. El primer tipo de letra cursiva fue desarrollado en 1501 por Aldus Manutius y Francesco Griffo. El tipo de letra en cursiva usó aún menos espacio y los libros volvieron a ser más cortos.

La otra consideración con el tipo de letra es la facilidad con la que se puede leer; es decir, su legibilidad. Blackletter estaba muy ornamentado y no era fácil de leer. En 1743, William Caslon creó una tipografía a la que llamó Old Style, que tenía más contraste en los trazos que componen cada letra. Era mucho más fácil de leer.

Uno pensaría que todos en el mundo estarían felices y entusiasmados con la tecnología innovadora llamada imprenta, pero ese no fue el caso. La capacidad de difundir el conocimiento y las ideas por todas partes era una amenaza para quienes estaban en el poder.

En ese momento, la Iglesia Católica y el Papa eran inmensamente poderosos y controlaban la mayoría de los países. Nuevas ideas que pudieran cambiar esa situación no eran bienvenidas. En 1501, el Papa Alejandro VI prohibió la impresión de cualquier cosa sin su permiso.

. . .

Le dijo a la gente que si se descubría que alguien estaba imprimiendo sin su permiso, sería excomulgado de la Iglesia Católica (¡expulsado!), lo que se consideraba un castigo severo en ese momento.

Sin embargo, ni siquiera el Papa pudo detener el flujo de conocimiento. Dentro de 20 años, los líderes protestantes Martín Lutero y Juan Calvino publicarían textos que cuestionaban el poder del Papa, tal como él había temido. Esto pronto condujo al establecimiento de otras religiones cristianas, reduciendo la influencia de la Iglesia Católica.

La imprenta desempeñó un papel importante en el Renacimiento, la Reforma, la Era de la Ilustración y la revolución científica. La capacidad de difundir ideas revolucionarias a través de la palabra impresa liberó al pueblo de la tiranía política.

En los Estados Unidos, Benjamin Franklin comenzó como impresor y usó su imprenta para reunir apoyo para la independencia estadounidense de Inglaterra. Que incluso, finalmente condujo a la Guerra Revolucionaria. Imagina lo diferente que el mundo podría ser si no hubiera sido por este asombroso invento.

La imprenta de hecho cambió el mundo.

4

El Motor De Vapor

En la década de 1700, los humanos habían estado controlando el fuego durante muchos miles de años. El calor de los fuegos que encendían se usaba para cocinar alimentos y para calentarse.

Usaron su propia energía o la energía de los animales domesticados designados para hacer la mayor parte del trabajo que necesitaba ser hecho.

Si vivían junto a los ríos, eventualmente aprendieron a usar el movimiento del agua, usando una rueda hidráulica, para realizar trabajos como moler y moler granos. De vez en cuando, el viento se usaba para hacer cosas como bombear agua desde el subsuelo. Sin embargo, no entendían cómo se podía relacionar el fuego con la creación de energía que pudiera hacer trabajo. Esa era la situación hasta que se inventó el motor de vapor.

Antes de la máquina de vapor, todos los métodos que tenían los humanos para ayudar a hacer su trabajo tenían limitaciones. Solo podrías usar la energía de un río si estuvieras cerca de un río. El viento no era fiable. Los animales y los humanos se cansaron y solo tenían cierta energía cada día para trabajar. También tenían una cantidad limitada de fuerza. La máquina de vapor también cambió eso.

Pero, ¿qué es una máquina de vapor? Una máquina de vapor es una máquina que utiliza calor para convertir el agua en vapor. Una vez que se produce ese vapor, se usa para mover un pistón dentro de un cilindro, arriba y abajo. Usando varillas, engranajes y volantes, ese movimiento hacia arriba y hacia abajo se puede dirigir en varias direcciones para usarse para muchas cosas diversas.

Una máquina de vapor consta básicamente de cuatro partes:

1. Tiene un lugar donde se quema el combustible para producir calor. En este caso, se utilizó carbón como combustible. Era relativamente barato y se podía encontrar en casi todas partes.

2. Tiene una caldera donde el agua se convierte en agua de vapor de alta energía.

3. Hay un cilindro y un pistón, a veces muchos, que suben y bajan por el vapor.

. . .

4. Una serie de piezas mecánicas (varillas, volantes, engranajes, etc.) toman el movimiento hacia arriba y hacia abajo del pistón a una máquina que puede usar esa energía cinética para hacer trabajo, por ejemplo, mover ruedas de piedra para moler grano o mover las ruedas de un tren para transportar mercancías y personas de un lugar a otro.

Una vez que la máquina de vapor entró en escena, ¡todo cambió!

El primer dispositivo que demostró que el vapor podía usarse para crear movimiento fue inventado hace mucho tiempo, durante la época de la antigua Grecia. En ese momento, había un ingeniero llamado Héroe de Alejandría que hizo algo llamado eolipila. Era un contenedor cerrado montado sobre un soporte que le permitía girar.

El contenedor tenía dos tubos delgados de salida a cada lado. Hero puso agua en el recipiente y la calentó. Cuando el agua se transformó en vapor, salió de las tuberías de salida con mucha energía. Esa energía hizo que el contenedor girara.

Desafortunadamente, nadie pensó que podría haber un uso para esa energía cinética producida por el vapor que empuja el recipiente cerrado.

· · ·

En cambio, fue simplemente un dispositivo interesante que entretuvo a la gente y luego fue olvidado en su mayor parte.

La primera persona que usó el vapor para trabajar fue un español llamado Jerónimo de Ayanz y Beaumont. En ese momento, la gente extraía carbón para calentar y cocinar en lugar de madera.

El problema era que, a medida que las minas de carbón se hacían más y más profundas, a menudo se inundaban. Esto hizo imposible que la gente sacara el carbón. De Ayanz y Beaumont utilizaron vapor para crear una máquina que podía bombear el agua fuera de la mina para extraer el carbón. Patentó su máquina a vapor en 1606.

En 1698, el inglés Thomas Savery quiso mejorar la bomba para las minas de Jerónimo de Ayanz y Beaumont. La máquina de Savery usaba vapor para mover un pistón dentro de un cilindro. Ese movimiento hacia arriba y hacia abajo se utilizó para impulsar la bomba de agua. ¡Savery había creado la primera máquina de vapor!

Aunque había hecho una innovación que cambió todo, todavía tenía problemas. La máquina de vapor de Savery no era muy eficiente. Usó carbón para calentar el agua y obtener el vapor, pero se perdió mucha energía del carbón.

Además, su bomba solo funcionaba en aguas poco profundas, por lo que tenía una utilidad limitada.

Thomas Newcomen en 1712 logró, al hacer cambios en la máquina de vapor de Savery, producir la primera máquina de vapor comercialmente exitosa, nuevamente impulsando una bomba de agua.

Patentó su diseño y durante los siguientes 50 años, fue utilizado para drenar minas, suministrar agua a las ciudades y drenar campos agrícolas inundados. También se usaba para tomar agua sobre una rueda de agua y luego dejar caer el agua sobre él.

Eso significó que tales fábricas y molinos ya no necesitaban estar al lado de un río.

Aunque Newcomen ganó dinero con su invento, también tuvo problemas. El cilindro tenía que seguir enfriándose con agua helada y luego volver a calentarse. Esto lo hizo menos eficiente.

Las cosas cambiaron significativamente cuando un fabricante de instrumentos escocés de la Universidad de Glasgow comenzó a jugar con la máquina de vapor de Newcomen. En 1765 en Inglaterra, James Watt añadió otra parte, un condensador separado que mantenía el cilindro a una temperatura constante. Esto hizo una gran diferencia. Mejoró significativamente la eficiencia de la máquina de vapor.

Aunque Watt patentó su nuevo invento, no tenía el dinero para comenzar a fabricar este nuevo tipo de motor de vapor.

En su lugar, fue a buscar un socio y él encontró uno con una visión excepcional, Matthew Boulton, un fabricante e ingeniero.

Boulton se dio cuenta de que la nueva máquina de vapor que había inventado Watt no debía limitarse únicamente a bombear agua. Quería ver la energía mecánica creada por la máquina de vapor utilizada directamente para hacer funcionar todo, no solo las bombas de agua.

Esa asociación crítica fue la chispa de una transformación masiva de la sociedad. Esa transformación fue el comienzo de la Revolución Industrial.

Pronto, la máquina de vapor de Watt y Boulton estaba en todas partes. Su motor podría fortalecerse agregando pistones y cilindros o usando más combustible.

La persona que manejaba la máquina de vapor también controlaba la cantidad de energía que producía.

Su máquina de vapor cambió la industria primero en Inglaterra y luego eventualmente en los Estados Unidos.

Pronto todo tipo de máquinas, desde siderurgia hasta costura.

Las máquinas funcionaban con máquinas de vapor. Las fábricas comenzaron a brotar en las ciudades. El trabajo que en el pasado era realizado por hombres y animales domésticos ahora estaba siendo hecho por máquinas más fuertes, más rápidas y más eficientes.

Pero la innovación y el cambio social que la máquina de vapor introducida aún no había terminado. Cuando la patente de Watt expiró en 1800, la gente estaba esperando para usar su máquina de vapor para hacer algo aún más grande.

Un ingeniero de Cornualles llamado Richard Trevithick y un estadounidense llamado Oliver Evans adaptaron el motor de Watt para usarlo en el transporte.

. . .

Hicieron máquinas de vapor que podían propulsar barcos en el mar y maquinaria en la granja, así como la máquina de vapor que podía tirar de una gran cantidad de vagones a lo largo de un riel: ¡un tren de vapor!

Ahora, cantidades sustanciales de materias primas y bienes podrían moverse grandes distancias, por tierra y mar, a bajo costo. Imagínese la diferencia entre mover mercancías en tren y barco de vapor en comparación con mover esas mercancías en vagones tirados por caballos y bueyes o barcos impulsados por el viento. ¡Fue un cambio de juego completo!

Permitió que el oeste de los Estados Unidos se abriera a personas y bienes. Las ciudades ya no necesitaban estar confinadas a las orillas de los ríos.

El 27 de septiembre de 1825, Stockton and Darlington del Ferrocarril fue inaugurado en Inglaterra como el primer tren de pasajeros propulsado por una máquina de vapor.

La máquina de vapor permitió el despegue de la Revolución Industrial. La vida de las personas cambió drásticamente.

Antes de la máquina de vapor, la mayoría de las personas vivían en áreas rurales y eran agricultores.

Eso cambió una vez que llegó la máquina de vapor.

Ahora había fábricas por todas partes en pueblos y ciudades.

Se redujo el número de personas necesarias para trabajar en la granja, ya que las máquinas podían hacer mucho más trabajo que una persona. Esas fábricas en las nuevas ciudades necesitaban trabajadores.

Hubo un movimiento masivo de personas de las áreas rurales a las ciudades, un proceso llamado urbanización. La población de personas también comenzó a aumentar. La clase media también comenzó a crecer. Aunque no todo fue bueno.

A menudo, los dueños de las fábricas eran codiciosos y pagaban salarios muy bajos. Los trabajadores trabajaban muchas horas en condiciones terribles. Eventualmente se formaron sindicatos de trabajadores que ayudaron a mejorar la situación.

Toda la estructura de la sociedad fue cambiada debido a un invento increíble: la máquina de vapor…

. . .

¿SABÍAS QUE...?

Johann Fust, el socio comercial de Guttenberg, fue acusado de magia negra porque la imprenta era muy nueva y difícil de entender. ¡Los acusadores también pensaron que el rojo que usó Gutenberg en algunas de las páginas de su Biblia era sangre humana!

A menudo se escucha el término "caballos de fuerza" cuando se habla de máquinas. Por ejemplo, una motocicleta de 250 cc tiene entre 10 y 15 caballos de fuerza (hp). James Watt acuñó el término para describir la potencia de su máquina de vapor en comparación con un caballo. En ese momento, una unidad de caballo de fuerza era la potencia necesaria para levantar 550 libras, un pie de alto, en un segundo. La máquina de vapor de Watt tenía 10.000 hp. Hoy en día, la unidad de potencia se llama vatio (W), en honor a James Watt. Una unidad de caballo de fuerza equivale a 745,7 W.

Cuando una máquina de vapor está funcionando, si el agua puede bajar demasiado, todo puede explotar. La explosión de calderas de vapor en máquinas de vapor era un problema. Un informe de Hartford Steam Boiler Inspection and Insurance Company dijo que, en 1880, explotaron 170 calderas de vapor, matando a 259 personas e hiriendo a 555.

. . .

La locomotora de tren Mallard fue la locomotora de vapor más rápida. El 3 de julio de 1938, Mallard rompió el récord mundial de velocidad para locomotoras de vapor a 203 km/h (126 mph), que aún se mantiene. ¡Esto es casi el doble de la velocidad de los automóviles en las carreteras hoy en día!

En 1639, José Glover trajo la primera imprenta a América. Lo trajo en barco desde Inglaterra a Cambridge, Massachusetts. Lamentablemente, al poco tiempo de llegar, falleció, por lo que su viuda y uno de sus ayudantes fueron las personas que dirigieron la primera imprenta de América.

La mayoría de los primeros tipos de letra o fuentes se hicieron a mano, incluida la fuente llamada Garamond. Fue hecho por un impresor francés llamado Claude Garamond en algún momento entre 1530 y 1545. Hoy en día, se encuentra en la mayoría de los programas informáticos de procesamiento de textos.

La máquina de vapor fue reemplazada por la eléctrica y el motor de combustión interna que se usa en automóviles y camiones.

Entre 1802 y 1818, el alemán Friedrich Koenig realizó dos cambios especialmente críticos en la prensa de Gutenberg.

· · ·

Primero, lo adaptó para que funcionara con una máquina de vapor. En segundo lugar, lo cambió para que el papel no quedará plano cuando se imprimiera, sino que se moviera a través de cilindros giratorios. Esto mejoró enormemente la impresión. La imprenta de Koenig podía imprimir 2.400 páginas por hora, diez veces más que la imprenta de Gutenberg.

El primer barco de vapor fue desarrollado por Robert Fulton en 1807.

Gutenberg no ganó dinero con su invento y murió sin dinero. Le tomó tres años imprimir aproximadamente las doscientas copias de la Biblia de Gutenberg, pero al final, fueron difíciles de vender porque pocas personas sabían leer.

5

Electricidad

La historia de la electricidad y la electrificación de nuestros hogares y negocios, especialmente en los Estados Unidos, es principalmente la historia de tres hombres: Thomas Edison, Nikola Tesla y George Westinghouse.

La corriente eléctrica era algo que se conocía desde el año 2750 a. Textos egipcios revelan que tuvieron conocimiento de un pez en el río Nilo que les produjo una descarga eléctrica. En el año 500 a. C. en la antigua Grecia, Tales Mileto experimentó con la electricidad estática frotando una varilla de ámbar con piel y descubrió que podía usar la vara para recoger cosas.

Al frotar, había creado una acumulación de carga eléctrica en la varilla. Pero no fue hasta muchos cientos de años después, en el siglo XVIII, que un invento produjo electricidad que podría ser útil para las personas.

En 1799, Alessandro Volta publicó sus hallazgos sobre su pila voltaica. Apiló discos hechos de cobre y zinc de manera alterna. Descubrió que si luego colocaba esa pila en un electrolito, como agua salada, se podía producir una corriente eléctrica. ¡Volta había creado la primera batería!

En 1831, Michael Faraday inventó el primer generador. Descubrió que cuando un imán se mueve cerca de una bobina de alambre de cobre, se produce una corriente eléctrica en el alambre. Las centrales eléctricas modernas son en realidad grandes generadores similares a los que había producido Faraday. La pregunta siempre es de dónde viene la energía para mover el imán.

En una central térmica, el petróleo, o más comúnmente el carbón, se quema para calentar agua y crear vapor de rápido movimiento. El vapor que sale del agua mueve una turbina unida a un imán que produce la electricidad que finalmente llega a tu casa.

Las centrales hidroeléctricas represan un río y el agua se libera desde detrás de la pared de la presa a través de turbinas conectado a imanes. El descubrimiento de Faraday fue uno de los más críticos para nosotros en eventualmente tener electricidad en nuestras casas.

. . .

A partir de esos primeros descubrimientos, la innovación en torno a la electricidad llegó rápida y furiosamente. Sin embargo, incluso una vez que las personas supieron cómo producir electricidad, todavía tenían el problema de hacer llegar la electricidad a los hogares y negocios. El problema de establecer un sistema eléctrico generalizado y útil quedó sin resolver hasta que nuestros tres hombres entraron en escena.

Thomas Edison nació en los Estados Unidos en el seno de una familia pobre con muchos hijos. Tuvo muy poca educación formal y comenzó su vida trabajando en el ferrocarril.

Durante la Guerra Civil de los Estados Unidos, aprendió a manejar un telégrafo y se convirtió en telegrafista. Pero Estados Unidos bullía con la energía de la innovación en ese momento y los inventores estaban en todas partes. Edison también quería ser inventor, así que en 1869 dejó su carrera como telegrafista y se convirtió en inventor.

En el momento de la muerte de Thomas Edison en octubre de 1931, Edison tenía 1.093 patentes, algunas solo a su nombre, algunas en sociedad con otros 389 para luz y energía eléctrica, 195 para el fonógrafo, 150 para el telégrafo, 141 para baterías de almacenamiento y treinta y cuatro para el teléfono.

. . .

Una patente es un documento legal que otorga derechos exclusivos sobre una invención al inventor. Esto permite que a la persona que se le ocurrió el invento, el derecho a desarrollarlo y, con suerte, ¡ganar algo de dinero con él!

Los inventos de Edison incluyeron entre ellos los más famosos, la bombilla incandescente, pero también el fonógrafo (tocadiscos) y una versión temprana de la cámara que se usa hoy en día para hacer películas.

Edison fue la primera persona en montar un laboratorio industrial. Lo hizo en Nueva Jersey, y allí él y su grupo trabajaron en varios problemas y probaron varias soluciones. Cuando Edison tenía 30 años, era famoso en todo el mundo. No solo era un buen inventor, sino que también era un excelente comercializador de sus inventos y de sí mismo.

Edison comenzó su carrera como inventor en 1869 en un área que conocía: la telegrafía. Inventó varias piezas que mejoraron el negocio del telégrafo. Vendió el equipo que producía a Western Union Telegraph Company.

En ese momento, casi todos los estadounidenses iluminaban sus casas por la noche con velas o lámparas de gas. Durante 50 años, científicos de todo el mundo compitieron para ser los primeros en producir una bombilla de luz incandescente que funcionara con electricidad.

En 1879, Edison decidió centrarse en ese objetivo: producir una luz eléctrica segura y económica. Se las arregló para obtener el respaldo de algunas personas ricas en ese momento, J.P. Morgan y la familia Vanderbilt.

En octubre de 1879, Edison tuvo un gran avance con su bombilla de luz eléctrica. El único problema de su diseño era que el filamento estaba hecho de platino, un metal caro. En 1880, mejoró el diseño e hizo un filamento de trabajo con bambú cubierto de carbono. El nuevo filamento no solo era más barato, sino que también era más duradero.

En 1881, Edison exhibió su nueva luz eléctrica en Newark, Nueva Jersey. En el mismo año, llevó sus bombillas incandescentes a Francia para la Exposición de Iluminación de París y en 1882 iluminaron el Crystal Palace de Londres.

Pronto tuvo casi un monopolio en el campo de la iluminación eléctrica.

Para 1882, Edison tenía empresas en todo el mundo.

Muchas ciudades estaban ansiosas por iluminar sus calles con sus luces eléctricas. En la sucursal de París de la Continental Edison Company, se contrató a un joven ingeniero.

Su nombre era Nikola Tesla. Sin embargo, Tesla no era un ingeniero ordinario.

Lo arrojaron a un grupo de trabajadores de Edison para descubrir cómo electrificar París y, en cuestión de días, quedó claro que era muy inteligente y un pensador creativo brillante. Lo sacaron y lo pusieron en un grupo de resolución de problemas.

Cuando necesitaron mentes tan creativas como la de Tesla en Estados Unidos, la empresa le preguntó al joven Nikola si estaría interesada en mudarse allí. Él aceptó.

Tesla había nacido en Serbia. Fue muy educado y desde muy joven mostró su inteligencia a través de una amplia área de temas. Hablaba ocho idiomas con fluidez, escribía poesía y podía ver respuestas a preguntas científicas antes de que la mayoría pudiera siquiera ver el problema!

Llegó a América con cuatro centavos y unos cuantos poemas en su bolsillo. Empezó a trabajar en la empresa de Edison. Aunque mientras estaba allí, Edison apenas notó al joven, Tesla hizo una encuesta aguda de Edison. Más tarde en un obituario sobre Edison cuando murió, Tesla criticó a Edison y su método de la invención.

. . .

Thomas Edison no tenía educación, por lo que no aplicó principios matemáticos o científicos a la creación de sus inventos. El método de Edison era uno de prueba y error, que Tesla no respetó. Para Tesla, esa pérdida de tiempo y aversión a la ciencia era algo que no podía tolerar. Después de seis meses de trabajar en la empresa de Edison en Nueva York, renunció.

El joven Tesla tuvo unos años difíciles, tan duros que en un momento trabajó como excavador de zanjas. Eventualmente, abrió su propia compañía, Tesla Electric, donde desarrolló motores eléctricos, generadores y otros dispositivos. Fue allí donde desarrolló un motor que se necesitaba para cierto tipo de corriente eléctrica que se había convertido rápidamente en el líder del grupo en Europa: la corriente alterna o aire acondicionado.

Hay dos formas de transmitir electricidad: corriente alterna y corriente continua, DC. En una corriente continua, la electricidad fluye del punto A al punto B en una dirección. En la corriente alterna, la electricidad fluye de un lado a otro a lo largo del cable.

En este momento de la historia se suscitó una batalla por qué tipo de corriente era mejor para electrificar las ciudades, alterna o directa.

. . .

La mayor parte de Europa se inclinaba hacia un sistema de CA, pero Edison ocupaba un lugar preponderante en Estados Unidos y su empresa estaba comprometida con la electricidad de CC y también producía el equipo para ese sistema.

Las ciudades que habían elegido AC necesitaban el motor que Tesla había desarrollado y patentado en su sistema. Otros intentaron recrear un motor similar lo suficientemente diferente como para no infringir la patente de Tesla, pero fallaron. El suyo era el que se necesitaba.

George Westinghouse es el tercer personaje de nuestra historia sobre la electrificación de Estados Unidos. Fue un inventor e industrial estadounidense. Uno de sus primeros inventos notablemente exitosos fue un sistema de frenos de aire para trenes. Se convirtió en una característica de seguridad obligatoria poco después y se requirió que se instalará en todas las locomotoras de los Estados Unidos.

Para 1880, parecía que la corriente continua iba a ser el tipo de electricidad que se usaría en los Estados Unidos, pero Westinghouse pensó que la corriente alterna era mejor.

Decidió desarrollar la tecnología para establecer la CA como el tipo de electricidad que adoptarían los Estados Unidos.

Era un método mejor para transmitir electricidad en un área muy amplia, lejos de donde se generaba la electricidad, la central eléctrica. Si todos los hogares y negocios del país iban a estar electrificados, sabía que AC era el camino a seguir. Una vez que Westinghouse puso su energía y dinero en AC, se convirtió en el enemigo directo de Thomas Edison.

En 1881, Londres instaló con éxito un sistema eléctrico que usaba CA. Westinghouse fue a Inglaterra para ver lo que habían logrado. El sistema fue creado por un francés, Lucien Gaulard, y un inglés, John Gibbs. Westinghouse importó transformadores Gaulard-Gibbs, una de las partes clave del sistema eléctrico de CA.

Sabía que necesitaba un motor que pudiera funcionar con un sistema de CA y comenzó a desarrollar uno. Entonces vio el motor de Tesla. Sabía que no podía hacer uno mejor, por lo que autorizó el motor de Tesla en mayo de 1888.

Entonces, por un lado estaban Tesla y Westinghouse con su sistema de CA y por el otro estaba Edison con su sistema de CC.

¡Quienquiera que ganara ganaría a lo grande!

. . .

Edison inició una campaña contra AC. Ser un buen comercializador lo ayudó. Predicó que la electricidad CA era peligrosa para la salud de las personas. Fue más allá al decirle a la gente que en Nueva York usaban aire acondicionado en los presos que habían sido condenados a muerte.

Les dijo que el aire acondicionado era tan peligroso que lo utilizaban para matar gente. Esto estaba estirando la verdad ya que cualquier tipo de electricidad podría matar a una persona si no se maneja correctamente.

Westinghouse y Tesla hicieron todo lo posible para mostrar al público que la CA y la CC eran seguras si se usaban correctamente. En las presentaciones, se sabía que Tesla conducía CA desde un generador a través de su propio cuerpo, y el último cable conducía a una bombilla que se encendía. AC atravesó directamente su cuerpo y había sobrevivido, por lo que la audiencia sabía que debía estar a salvo.

La verdadera prueba llegó cuando se fijó la celebración de la Feria Mundial en Chicago en 1893. Los organizadores de la feria planearon la Ciudad Iluminada de 100.000 bombillas y varios otros equipos eléctricos para mostrar al público cuál sería el futuro: un futuro en el que todos casas tenían electricidad - parecía.

. . .

Tanto el equipo de AC como el de DC querían instalar la red eléctrica para la Feria Mundial de Chicago. Al final, Westinghouse y Tesla ganaron, para decepción de Thomas Edison. Cuando el presidente Grover Cleveland encendió la Ciudad Iluminada en mayo, fue la CA la que funcionó de manera segura a través del sistema.

Al final, AC fue el ganador y ahora el eléctrico.

Las redes de todo el mundo usan CA. Aunque la Ciudad Iluminada se encendió en 1893, tomó mucho más tiempo para extenderse por todo el país.

Para 1925, sólo el 50% de los hogares estadounidenses estaban electrificados. No fue sino hasta la década de 1950 que todas las áreas de los Estados Unidos y la mayoría de los países desarrollados tenían electricidad. Incluso ahora, sin embargo, hay áreas rurales en todo el mundo sin electricidad.

Al principio, la electricidad se usaba principalmente para la iluminación, pero una vez que las casas y los negocios tuvieran electricidad, los inventores se pusieron a trabajar en la fabricación de electrodomésticos. Uno de los primeros electrodomésticos fue una plancha eléctrica (llamada plancha eléctrica) patentada por Henry Seely en 1821.

. . .

También en 1821, Joseph Henry fabricó un timbre eléctrico. En 1882, Edward Johnson patentó las primeras luces navideñas eléctricas.

Alexandre-Ferdinand Godefroy en Francia desarrolló el primer secador de pelo eléctrico. La aspiradora se llamaba escoba eléctrica y fue inventada por James Spangler. Vendió la patente a William Hoover, quien tuvo tanto éxito con la invención que en Inglaterra la mayoría de la gente llama aspiradora a una aspiradora.

La electricidad cambió la vida de las personas por completo. Hizo la vida mucho más fácil y los hogares más cómodos. Permitió a las personas hacer más cosas durante la noche y, por lo tanto, aumentó su productividad. Lo mismo sucedió en el campo de la industria.

La electricidad dio lugar a trenes y subterráneos eléctricos. Los motores eléctricos en lugar de los de vapor comenzaron a impulsar las fábricas, lo que condujo a una mayor eficiencia y productividad. Y la electricidad no ha terminado de cambiar la sociedad.

Mientras lees esto, en todo el mundo, científicos e inventores están trabajando en automóviles eléctricos. ¡La electricidad es un invento increíble que aún no ha terminado con lo que puede hacer por nosotros!

6

Las Vacunas

Por lo general, una vacuna se fabrica inyectando una pequeña cantidad del virus que realmente causa la enfermedad en una persona sana. Esto obliga al sistema inmunitario del cuerpo de la persona a producir anticuerpos para combatirlo.

Ese trozo de virus que se inyecta se hace seguro en numerosas maneras para que la persona no se enferme pero todavía pueda producir los anticuerpos exactos para ese virus en particular. En este caso, una vez vacunada una persona, si en esa persona en particular aparece el virus, el cuerpo tiene las armas para combatirlo.

En la mayoría de los casos, la persona no se enfermará en absoluto o tendrá una versión muy leve de la enfermedad.

. . .

Las vacunas son muy importantes en la campaña para mantener a las personas en todo el mundo seguras y saludables.

La primera vacuna jamás creada fue una vacuna para pequeños virus. Hay muchas partes increíbles en esta historia sobre la primera vacuna. Lo más increíble es que cuando se creó la vacuna contra la viruela, la gente no sabía nada acerca del sistema inmunológico del cuerpo. La vacuna fue una suposición que vino de mirar evidencia circunstancial y luego dando un salto de fe.

En el siglo XVIII, la viruela era la enfermedad más temida del mundo. Había existido durante casi 3.000 años. Incluso se descubrió que algunas momias egipcias tenían llagas de viruela! Pero fue solo una vez que la expansión global y la colonización ocurrió que la enfermedad causó un gran número de muertos en todo el mundo.

La viruela comenzaba con dolores en el cuerpo, fiebre alta, dolor de garganta y dificultad para respirar. En poco tiempo, el paciente estaría cubierto de ampollas o pústulas llenas de pus.

Estas pústulas estaban absolutamente en todas partes: pies, manos, cara, cuerpo e incluso adentro, en la garganta y los pulmones.

Si el paciente sobrevivía, las pústulas se secarían y se caerían después de unos días, pero dejarían cicatrices horribles y desfigurantes. La viruela atacó especialmente a los niños, con ocho de cada diez bebés que la contrajeron muriendo.

Un tercio de los adultos que contrajeron la viruela también murió. Los que sobrevivieron a menudo quedaron ciegos y con terribles cicatrices. Hubo casos en los que las cicatrices desfiguraban tanto que la persona se suicidaba. Fue una enfermedad devastadora que llegó en oleadas de epidemias.

Las ciudades portuarias con grandes movimientos de personas de otros países fueron más susceptibles a los brotes.

En un ataque en Boston en 1721, murió el 8% de la población de la ciudad.

Había todo tipo de tratamientos que no funcionaban.

Algunos pensaron que poner al paciente en una habitación caliente ayudaba, otros abogaban por una habitación fría.

Envolver a la persona en un paño rojo o negarle melones también eran tratamientos.

En otro intento por controlar la enfermedad, forzaron doce botellas de cerveza al paciente durante un período de 24 horas.

Un tratamiento que tuvo cierto éxito fue algo llamado variolación. El tratamiento consistía en extraer el líquido, pus, del interior de la pústula de una persona con viruela, luego rascar la piel de una persona sana y poner ese pus en las raspaduras.

Esto fue para que el pus pudiera entrar en el cuerpo. En muchos casos, la persona saludable contraería un caso leve de viruela pero luego no contraería un caso completo que pudiera matarla. El problema era... que no siempre funcionaba.

A veces, la persona sana contraía la viruela en toda regla, se enfermaba y moría. Entonces, era extremadamente riesgoso aunque debido a que la gente tenía tanto miedo a la enfermedad, muchos estaban dispuestos a correr ese riesgo.

Cuando Edward Jenner era un niño en la escuela de Wotton-under-Edge en Cirencester Inglaterra, todos los niños fueron tratados con variolación. Todo el asunto aterrorizó al joven Edward, y el proceso afectó su salud durante toda su vida. A partir de ese momento, se obsesionó con la idea de encontrar una cura para la viruela.

Cuando creció y se convirtió en médico, esa obsesión se hizo realidad.

Se hizo médico y cirujano en el campo de Gloucestershire.

Allí notó que las mujeres y las niñas que ordeñaban las vacas, las lecheras, nunca se contagiaron de viruela.

Encontró que eso era curioso, lo que consiguieron era una enfermedad diferente llamada viruela bovina, que venía de llagas en las ubres de las vacas. Fue una enfermedad leve que causó algunas ampollas que desaparecieron y dejaron pocas cicatrices por lo que la gente no moría por eso.

El Dr. Edward Jenner sabía que esto no podía ser una coincidencia. Empezó a pensar que la infección de la viruela de las vacas de alguna manera protegía a las lecheras de la viruela.

En 1796, después de observar la situación de las lecheras durante algún tiempo, el Dr. Jenner ideó un experimento para probar su teoría. Tomó un poco de pus de las llagas en la mano de una lechera, Sarah Nelms, que tenía viruela bovina, y raspó la piel de un niño sano, James Phipps.

. . .

James desarrolló una enfermedad leve que incluía las ampollas que las lecheras normalmente tenían por la vacuna. Después de que James se recuperó, el Dr. Jenner infectó al niño con viruela por variolación. James no contrajo la enfermedad. Jenner estaba seguro de haber encontrado la cura para la viruela, y estaba allí, en el pus de las llagas de la viruela vacuna.

Poco tiempo después, el Dr. Jenner publicó sus hallazgos y comenzó a vacunar a la gente de su área con el pus de las lesiones de viruela vacuna. Animó a otros médicos a hacer lo mismo. Convirtió una cabaña de verano en su jardín en el Templo de Vaccinia e invitó a la gente local a vacunarse después de la iglesia el domingo. Se había inventado la primera vacuna del mundo. De hecho, la palabra vacuna proviene del nombre del virus de la viruela bovina: Variolae vaccinae.

Una vez que las personas aceptaron la idea de Jenner, encontraron una forma de transportar el pus, o linfa, que se necesitaba para la inoculación. Esto fue a pesar de que no tenían refrigerador o transporte de mercancías, lo que significa que incluso para distancias cortas era mucho tiempo el que se tenía que viajar.

La linfa recolectada de las llagas de una persona que padecía viruela vacuna se transfirió a hilos de seda o pedazos de pelusa y luego se secó.

Estos se llevaban al siguiente pueblo, se mezclaban con agua y luego estaba listo para ser usado como vacuna. Pero esto solo funcionó para distancias cortas porque después de mucho tiempo, la linfa ya no funcionaba.

Esto se convirtió en un problema para el rey Carlos IV de España. Su familia había sido gravemente afectada por la viruela. Muchos de los miembros de su familia habían muerto y su hija, María Luisa, había sobrevivido pero quedó desfigurada permanentemente por las cicatrices que dejó. Insistió en que todos sus sujetos recibieran la nueva vacuna contra la viruela que había inventado el Dr. Jenner.

Eso estaba bien para sus súbditos en España o en Europa, pero ¿Qué pasa con todas las nuevas colonias españolas en las Américas, en particular, América Central y del Sur?

¿Cómo podría hacerles llegar la vacuna? La linfa no sobreviviría el largo viaje en su estado seco. Necesitaba otro plan. De este problema surgió su idea para The Royal Philanthropic Vaccine Expedition.

El Rey decidió que la mejor manera de transportar la vacuna a través del Océano Atlántico, un viaje que tomó muchos meses, era dentro de humanos. Eligieron a veinticuatro niños huérfanos, de entre tres y nueve años, para ser los portadores de la vacuna.

A los niños se les prometió toda la comida que pudieran comer en el viaje del barco, una nueva familia en las colonias americanas y educación gratuita.

A bordo también estaban el Dr. Francisco Xavier de Balmis, su representante el Dr. Jose Salvany, y sus asistentes. Isabel Zendal Gomez, el director del orfanato, también estaba en junta para cuidar de los chicos.

Este era el plan. Antes de partir, dos niños se contagiarían de viruela vacuna. Después de nueve a diez días en el mar, las llagas se desarrollarían lo suficiente como para acumular linfa. Esa linfa sería recolectada e inyectada en dos niños más. Esto continuaría durante todo el viaje.

Siempre usaban dos niños a la vez en caso de que una de las llagas del niño se secara antes de los nueve o diez días. El plan era que cuando llegaran, habría dos niños con llagas que estarían listos para recolectar linfa y podría comenzar el programa de vacunación en las colonias hispanoamericanas.

El barco salió de España en noviembre de 1803. Cuando llegaron a Caracas, Venezuela en marzo de 1804, todo el plan estuvo a punto de fracasar. Una de las llagas de los dos últimos chicos se había secado por completo antes de que el barco atracara. Solo había una llaga en el otro niño que aún podía usarse para recolectar linfa.

¡Pero uno fue suficiente! El Dr. Balmis inmediatamente comenzó a vacunar a la gente. Después de dos meses, el grupo logró vacunar a 12.000 personas.

Después de eso, el Dr. Balmis se dirigió al norte y el Dr. Salvany se dirigió al sur. Los equipos de Salvany viajaron a través del accidentado terreno de densas selvas y la Cordillera de los Andes. Vacunaron a personas en Colombia, Ecuador, Perú y Bolivia. En los años siguientes, vacunaron a unas 200.000 personas.

El Dr. Balmis se fue a México y vacunó a 100.000. Dejó a los niños huérfanos con sus nuevas familias en la Ciudad de México. Luego organizó un nuevo grupo de niños, esta vez pagándoles, para que actuaran como porteadores en un viaje por mar a Filipinas. Llegaron el 15 de abril de 1805 y en los primeros meses vacunaron a más de 20.000 personas.

Balmis incluso se fue solo a China y vacunó a más personas allí. Con tan solo 34 años, el Dr. Salvany falleció en Cochabamba el 21 de julio de 1810, según consta en un acta de defunción emitida por el párroco de la iglesia de San Francisco.

La Royal Philanthropic Vaccine Expedition fue la primera campaña mundial de vacunación. Vacunaron a cientos de miles de personas y salvaron la vida de millones de personas.

Desde el descubrimiento de la primera vacuna por parte de Edward Jenner, la vacunología ha crecido a pasos agigantados, reduciendo el sufrimiento y la muerte por cientos de enfermedades para miles de millones de personas en todo el mundo. ¡La vacuna contra la viruela fue un invento increíble que salvó vidas!

¿SABÍAS QUÉ?

Las abejas mueven sus alas tan rápido que crean una carga eléctrica. Cuando aterrizan en una flor, la carga se mueve hacia esa flor. Otras abejas pueden detectar esa carga. Así es como saben ir a otra flor en busca de néctar ya que el néctar de esa flor ya se lo acabó la primera abeja.

En 1736, el hijo de Benjamin Franklin murió de viruela. Él había querido que su hijo recibiera el controvertido tratamiento de variolación para darle cierta protección contra la enfermedad, pero su esposa estaba en contra. Franklin lamentó haber cedido al miedo de su esposa toda su vida. Los hizo vivir separados por el resto de su matrimonio.

¡Incluso tenemos electricidad en nuestros cuerpos! Nuestros cerebros envían mensajes mediante señales eléctricas y el latido de nuestro corazón también está controlado por electricidad.

. . .

Probablemente hayas visto pájaros posados en un cable eléctrico en el cielo y te hayas preguntado por qué nunca se electrocutan con la corriente de alto voltaje que se mueve a través del cable. La razón es que se sientan solo en un cable.

Si pudieran sentarse en un cable y luego, accidentalmente, un ala o un pie tocaran un cable diferente, su cuerpo formaría un circuito. ¡Entonces serían asesinados por el voltaje en el cable!

La plata es mejor conductora de la electricidad que el cobre, pero los cables que se usan para transportar la electricidad están hechos de cobre. La razón principal es el costo y porque el cobre es mecánicamente más fuerte. El caucho, por otro lado, es un mal conductor de la electricidad. De hecho, es tan malo que es un aislante que detiene el flujo de corriente eléctrica. Es por eso que se usa para cubrir cables de cobre para evitar que las personas reciban una descarga eléctrica.

Los rayos son causados por cargas eléctricas que se acumulan en la atmósfera y luego se liberan repentinamente. Es una forma de electricidad estática como el tipo que se acumula en un peine de plástico cuando te peinas.

Hay alrededor de ocho millones de rayos en todo el mundo cada día.

Un rayo puede producir tres millones de voltios de electricidad, pero tiene solo 3 cm de ancho.

Las vacunas evitan alrededor de 2,5 millones de muertes por año.

La primera vacuna desarrollada en un laboratorio fue la vacuna contra el cólera de los pollos. Fue inventado por Louis Pasteur en 1879.

El uso de la variolación como una forma de prevenir la viruela se hizo por primera vez en China en el año 1000 EC. También era una práctica en África. De hecho, un africano llevado a América como esclavo, Onésimo, enseñó el tratamiento a los estadounidenses.

Entre los años 2000 y 2008, las vacunas redujeron la muerte mundial por sarampión en un 78%. Durante ese mismo tiempo, las muertes en el África Subsahariana se redujeron en un 92%.

7

Refrigeración

Almacenar y mantener frescos los alimentos siempre ha sido un problema para los humanos. No es sólo un problema en términos de proporcionar suficiente comida para sobrevivir, sino también en mantener los alimentos seguros para comer para que no causen enfermedades o la muerte.

En climas con veranos cortos cuando los cultivos son inviernos largos y crecidos donde hay poca comida disponible, las formas de almacenar alimentos de manera segura eran importantes para la supervivencia. Además, algunos alimentos solo se encuentran en ciertos lugares. Por ejemplo, los peces solo se pescan en ríos, lagos o el mar. Si vive lejos de esos cuerpos de agua, era importante encontrar formas de transportar los peces de manera segura.

. . .

El secado, la salazón y el enlatado eran métodos comunes para mantener los alimentos seguros para comer, pero todos cambiaban los alimentos de alguna manera y eran procesos que requerían mucho tiempo. Enfriar los alimentos también los mantiene seguros por más tiempo ya que las bacterias, las principales culpables de la intoxicación alimentaria, crecen mucho más lentamente en temperaturas frías.

Así que sí, los humanos han estado tratando de enfriar alimentos durante miles de años.

Ya en el año 1000 a. C., los chinos cortaban hielo en invierno y recogían hielo para almacenarlo y utilizarlo durante el verano para mantener frescos los alimentos. Los hebreos, griegos y romanos cavaron hoyos bajo el suelo fresco y almacenaron alimentos allí. El hoyo cubierto por capas de material que no dejaban pasar el calor, materiales como pasto, paja o paja sobrante de la cosecha. Los antiguos egipcios e indios ponían agua en tinajas y luego humedecian el exterior del frasco. Cuando el agua en el exterior de la jarra se evaporó, el agua dentro de la jarra enfriado para que tuvieran agua fresca para beber en un día caluroso.

En el siglo XVIII, los británicos ricos tenían casas de hielo. En invierno, enviaban a sus sirvientes a cortar grandes bloques de hielo de estanques y arroyos.

. . .

El hielo se empaquetó en sal y se envolvió en franela, luego se almacenó bajo tierra en la cámara de hielo. Gran parte permaneció congelada hasta el verano, cuando fue necesario.

Frederic Tudor, un estadounidense residente en Boston, fue la primera persona en comercializar el comercio de hielo. En 1803, él hizo un viaje a Martinica en el Caribe y se le ocurrió una idea.

El asentamiento rico en la isla podría usar hielo para enfriar sus bebidas y comida, y él podría ser el que suministre a ellos.

Poco después compró un barco para transportar el hielo. Se pensó que el hielo era gratis, por lo que su único costo fue el pago para contratar gente para cortar el hielo en invierno.

También consiguió aserrín, que usó como aislamiento para ralentizar el derretimiento, de la industria maderera.

Partió de Boston con su barco lleno de hielo en febrero de 1806, seguro de que estaba a punto de hacer una fortuna a pesar de que la prensa de la época lo ridiculizaba.

. . .

Llegó a Martinica tres semanas después de un viaje de 1.500 millas, con el 66% de su hielo convertido en agua. Vendió lo que le quedaba e hizo una pérdida sustancial, pero vio el potencial.

Después de seleccionar un mejor aislamiento para el viaje y finalmente, asegurar una casa de hielo en La Habana, Cuba, para almacenar su envío, Tudor comenzó a obtener ganancias y redujo el derretimiento en el camino a un 8 %.

La gran oportunidad de Tudor llegó cuando comenzó a enviar hielo a India. Se hizo bastante rico. Para la década de 1830, las ciudades de Estados Unidos también habían crecido y tener una hielera en tu casa se hizo más común. El mercado del hielo cambió del extranjero a esas ciudades americanas en crecimiento, con vagones llenos de hielo que hacen entregas regulares a casas individuales.

Thomas Moore, un ebanista y agricultor, inventó la primera hielera en 1802. Hizo mantequilla en su granja, pero enfrentó dificultades para llevar su mantequilla a los mercados lejos sin que se derritiera. Diseñó la primera hielera para mantener su mantequilla sólida durante el viaje.

Las hieleras eran básicamente cajas de madera aisladas en el interior de hojalata o zinc.

Entre las dos paredes de madera y metal estaba el aislamiento de corcho, aserrín, paja o algas. El bloque de hielo entregado por el vagón se guardaba en un compartimento en la parte superior.

El aire helado alrededor del bloque de hielo cayó hacia abajo porque el aire frío es más pesado que el caliente. Ese aire frío enfrió los artículos puestos en la caja de hielo. Una bandeja en la columna inferior del agua derretida. Cuando el bloque de hielo estaba terminado, era reemplazado por otro.

La primera empresa en producir cajas de hielo para el mercado general fue D. Eddy & Son de Boston. Para 1907, el 81% de la familia en la ciudad de Nueva York tenían hieleras y se estaban registrando entregas regulares de hielo.

Era una gran industria.

En 1855, la industria del hielo ganaba alrededor de $6-7 millones ($118- $138 millones en dinero de 2021) anualmente y, en un momento dado, había dos millones de toneladas de hielo en instalaciones de almacenamiento en todo el país. Aproximadamente 90.000 personas estaban empleadas en la industria del hielo.

. . .

En la última mitad del siglo XIX, el comercio de hielo natural, es decir, hielo cortado de lagos, estanques y arroyos y vendido comercialmente, era la segunda mayor exportación de los Estados Unidos después del algodón. ¡Era una industria importante! Y tenga en cuenta que esto fue antes de los automóviles y la electricidad. El hielo se transportaba en trenes de vapor y vagones tirados por caballos.

Mientras que la industria del hielo se alejó un poco para hacer de la refrigeración una forma viable de almacenar alimentos no era perfecto.

Los científicos e inventores de todo el mundo siempre estuvieron tratando de producir una verdadera forma de crear aire fresco.

En 1755, el profesor William Cullen dio el primer gran paso hacia la refrigeración moderna. Cullen fue profesor en la Escuela de Medicina de Edimburgo en Escocia. Allí, en 1756, realizó la primera demostración pública documentada de refrigeración artificial. Usó una bomba para crear un vacío parcial en un recipiente de éter dietílico.

Con eso, bajó su punto de ebullición y el éter dietílico hirvió.

. . .

Esa reacción absorbió calor del entorno. Este efecto incluso produjo una pequeña cantidad de hielo, pero el proceso aún no era práctico y no se podía utilizar de manera comercial.

Pero fue un comienzo, y todas las demás experiencias e ideas se originan a partir de esto.

Sin embargo, tenía muchos intereses, incluido ser una persona importante en el Movimiento de la Ilustración escocés y un autor de éxito. También fue inventor.

Hay algunos principios científicos que necesitas saber antes para que puedas entender los conceptos básicos que componen la refrigeración. Cuando un líquido cambia a gas, la participación en la materia se vuelve más enérgica.

Esa energía debe venir de alguna parte. Si piensas en una fina capa de agua en la piel cuando se evapora, ¿qué le pasa a tu piel? se enfría. Hace esto porque la energía térmica de tu cuerpo se usa para cambiar el agua en un gas. Este es el principio básico de la refrigeración.

La otra cosa a saber es que el punto de evaporación o punto de ebullición (el punto en el que el líquido se convierte en gas).

. . .

Se puede cambiar por presión. La presión baja hasta el punto de ebullición. Cuanto más bajo es el punto de ebullición de un líquido, más frío el aire alrededor de donde esa evaporación o vaporización tiene lugar se convertirá.

En la demostración de Cullen en 1756, utilizó el líquido éter etílico. Produjo presión sobre el líquido haciendo un semivacío. El éter dietílico hirvió y enfrió tanto el aire que provocó que el agua cercana se congelara parcialmente. La suya fue una demostración interesante, pero en ese momento, nadie podía ver un uso práctico para este fenómeno. Incluso Benjamin Franklin, un hombre más asociado con su experimentación con la electricidad, investigó la refrigeración.

Él y uno de sus amigos, John Hadley, mostró que la evaporación tanto del alcohol como del éter podría usarse para congelar agua.

El objetivo principal pasó a ser tratar de producir un sistema de refrigeración que pudiera hacer hielo artificial para la industria del hielo y el creciente número de cajas de hielo, así como para uso comercial en el transporte de carne, por ejemplo.

Mucha gente probó muchos enfoques diferentes, todos apoyándose en la idea original de Cullen.

El estadounidense Jacob Perkins es considerado el inventor del refrigerador, el "padre del refrigerador". Perkins fue inventor, ingeniero mecánico y físico. Durante su vida, registró veintiuna patentes en los Estados Unidos y diecisiete en Inglaterra. Sus patentes iban desde innovaciones en la impresión de papel moneda hasta máquinas para medir la profundidad del mar.

El 14 de agosto de 1834 registró una patente para "Aparatos y medios para producir hielo y fluidos refrigerantes" en Estados Unidos, Inglaterra y Escocia. Su sistema de refrigeración era un sistema de compresión de vapor, lo que significa que un líquido se ponía bajo presión y se convertía en gas (vaporizado) para producir el efecto de enfriamiento. Utilizaba éter, alcohol o amoníaco como líquido o refrigerante que se comprimía y evaporaba.

En 1856, un escocés-australiano, James Harrison, patentó el primer sistema de compresión de vapor utilizado para fabricar hielo. En 1857, construyó la primera máquina comercial para fabricar hielo a orillas del río Barwon en Victoria, Australia.

Una vez que despegaron las máquinas comerciales de fabricación de hielo, la industria del hielo natural disminuyó y finalmente desapareció.

. . .

El hielo artificial hizo que el hielo fuera aún más barato, y más hogares compraron hieleras como parte habitual de los electrodomésticos necesarios en una cocina. Al comienzo de la Primera Guerra Mundial en 1914, la industria del hielo artificial había superado a la industria del hielo natural y no había vuelta atrás.

Durante este tiempo, la gente solo consideraba la refrigeración como algo para uso comercial, para hacer hielo o para mantener los alimentos frescos para el transporte. El primer refrigerador para uso doméstico se fabricó recién en 1913. No fueron aceptados fácilmente, principalmente porque el refrigerante utilizado olía, en el caso del amoníaco, o era mortal si se filtraba, como en el caso del cloruro de metilo, lo que provocó que algunas personas murieran. Esto asustó a las personas que querían comprar un refrigerador para su hogar.

Para 1920, la situación mejoró. Los refrigerantes utilizados en los refrigeradores domésticos eran en su mayoría sintéticos hechos por el hombre, siendo el freón el más popular.

Cuando la gente vio que los refrigeradores ya no eran asesinos potenciales, comenzaron a comprarlos y cambiaron las cajas de hielo que habían estado usando durante décadas. En la década de 1930, el precio de un refrigerador cayó y aún más personas cambiaron a la nueva tecnología.

· · ·

Un problema surgió en la década de 1970. Se descubrió que el freón es la causa de los agujeros en la capa de ozono de la Tierra. El ozono nos protege de la parte dañina de la energía solar. Esos agujeros nos hacían vulnerables al cáncer de piel, entre otros problemas importantes.

Los ecologistas alertaron a los fabricantes y pronto se aprobaron leyes para prohibir su uso. El ozono se ha semi reparado a sí mismo. Se han usado otros refrigerantes después de eso.

La refrigeración permitió a las personas mejorar sus dietas. Los alimentos como las bananas o las naranjas, que solo se cultivan en climas cálidos, ahora podrían transportarse por barco a los países del norte y mantenerse frescos con refrigeración. La carne y el pescado se podían transportar desde donde se cultivaron o capturaron y se llevaron a los mercados de todo el mundo.

Esto permitió que la gente se asentara en nuevos lugares.

Era poco probable que la comida se echara a perder y causara enfermedades e incluso la muerte porque se mantuvo a temperaturas que no permitían el crecimiento de bacterias. La refrigeración fue un milagro para la salud del público y, de hecho, fue un invento asombroso.

. . .

¿SABÍAS QUÉ?

El siglo XVIII (los años 1700) y el siglo XIX (los años 1800) pueden parecer como si fueran los momentos más importantes para las invenciones y las patentes, pero los hechos sugieren lo contrario. Según la Oficina de Patentes de EE. UU., en 1840, por ejemplo, se emitieron 735 patentes para nuevos inventos, mientras que en 2020 se emitieron 597.175 patentes. ¡Parece que la era de los nuevos inventos puede ser ahora!

La Era de la Ilustración, desde 1685 hasta 1815, fue una época en la que el pensamiento de la gente pasó de creer en la autoridad, especialmente en la autoridad religiosa, a creer en la ciencia y el pensamiento racional. La Era de la Ilustración condujo a la Guerra Revolucionaria Estadounidense y la Revolución Francesa, así como a las muchas innovaciones e invenciones de las dos Revoluciones Industriales de los siglos XVIII y XIX.

La Primera Revolución Industrial fue de 1760 a 1840.

Durante este tiempo hubo desarrollo técnico en una amplia gama de áreas que cambiaron la forma de vida de las personas en todo el mundo. Incluyó la invención de la máquina de vapor, que fue fundamental en la transformación. La Segunda Revolución Industrial fue de 1865 a 1900.

Se considera la era de las máquinas con inventos como la electricidad, el acero y diversos productos derivados del petróleo.

George Washington, el primer presidente de los Estados Unidos, firmó la primera ley de patentes el 10 de abril de 1790. Otorgó el derecho exclusivo de un invento en particular al propietario durante 14 años. Fomentó la ciencia y la innovación, ya que protegió a los inventores del robo de sus ideas.

En 1833, William Whewell fue la primera persona en utilizar el término "científico". Este fue el nacimiento del científico profesional.

James Forten (1766-1842) fue uno de los primeros afroamericanos en los Estados Unidos en obtener una patente para su invención. Fue aprendiz de navegante y aprendió rápidamente la industria. Poco después, desarrolló un nuevo dispositivo para controlar las velas de un barco. Se hizo muy rico gracias a su invento y utilizó su dinero para luchar por los derechos de la mujer y la abolición de la esclavitud.

La primera mujer afroamericana en los Estados Unidos en recibir una patente por su invención fue Judy W. Reed de

Washington D.C. Ella patentó una amasadora y un rodillo de masa en 1884. Su número de patente era 305,474.

En 1860, el químico sueco Alfred Nobel inventó la dinamita. Era una forma más segura y más fuerte de romper rocas en industrias como la minería. No quería que su invento fuera utilizado por las fuerzas armadas en conflictos, pero de inmediato se utilizó de esa manera. Cuando murió, la fortuna que hizo con su invento se puso en un fideicomiso, según sus deseos, para otorgar a los científicos y humanitarios meritorios los premios Nobel anuales. Aunque nunca lo dijo, muchos pensaron que estaba tratando de enmendar todo el daño que la dinamita causó en el mundo durante las guerras.

El primer diccionario del idioma inglés se publicó en abril de 1755. Samuel Johnson tardó nueve años en producirlo.

Para que algo reciba una patente, debe ser nuevo y debe contribuir a algo útil para la sociedad. Puede patentar inventos, máquinas, productos y procesos. También puede patentar una mejora de una invención que ya está patentada.

8

El Avión

Desde que los humanos han mirado a los pájaros que vuelan a través del cielo, nos hemos propuesto formas de unirlos.

Hemos querido desarrollar una máquina autopropulsada que podía llevar a un humano a una gran distancia, pero era sólo un sueño durante la mayor parte de nuestra historia. Aún así, ya hemos aprendido que en los sueños es donde comienzan los nuevos inventos.

Se dice que Archytas, que vivió entre el 428 a. C. y el 347 a. C. en Grecia, en realidad fabricó una máquina voladora, que se parecía mucho a una paloma, que funcionaba con un chorro de lo que probablemente era vapor. Se dijo que voló 660 pies, pero probablemente estaba suspendido de alguna manera.

. . .

En 1502, Leonardo da Vinci produjo su "Codex on the Flight of Birds" después de estudiar las alas de las aves. Incluía 35.000 palabras sobre sus ideas y quinientos bocetos. Entre esos bocetos, diseñó un avión propulsado por hombres, aunque nunca lo construyó ni probó su idea. George Cayley de Inglaterra es llamado el "padre de la aviación".

Se le considera el primer verdadero aviador científico. En 1799, se le ocurrieron muchas teorías sobre cómo volar, y especialmente el vuelo propulsado, funcionaría.

Más tarde se demostró que sus teorías eran correctas y sentaron las bases para el desarrollo final de un avión motorizado tripulado. A Cayley se le ocurrieron algunas de las principales ideas fundamentales que permitieron el vuelo, por ejemplo, la denominación de las fuerzas que actúan sobre una máquina voladora más pesada que el aire: peso, sustentación, arrastre y empuje.

Descubrió la idea de que el ala del avión no podía ser plana sino curva, lo que significaba que la parte superior debía ser más convexa o curvada hacia arriba. De esta manera, el ascensor se creó bajo el ala.

Construyó y voló el primer modelo de avión que incorporó sus ideas.

También fue la primera persona en construir y volar un planeador que podía transportar a una persona. Cayley predijo correctamente que un vuelo propulsado sólo sería posible después del desarrollo de un motor liviano que pudiera proporcionar suficiente empuje.

El verdadero pionero en lo que respecta a los planeadores, máquinas voladoras sin motor que vuelan usando el viento y las corrientes ascendentes naturales de aire que se mueven sobre el ala curva para levantarse, fue el alemán Karl Wilhelm Otto Lilienthal.

En la década de 1890, Otto Lilienthal realizó repetidos vuelos bien documentados, con personal y exitosos con planeadores más pesados que el aire.

Trabajó con su hermano Gustav y juntos realizaron más de 2.000 vuelos, acumulando aproximadamente cinco horas de tiempo total de vuelo. Su vuelo más largo fue en Rhinow Hills en Alemania, donde voló 820 pies, que todavía era un récord en el momento de su muerte.

Lilienthal había inventado previamente un tipo de motor pequeño y más seguro, que patentó y con el que ganó mucho dinero. Esto le dio libertad financiera y tiempo para concentrarse en su pasión por volar. En 1894, patentó algunos de sus inventos en su planeador.

En la patente incluía consejos, por ejemplo, sobre cómo sujetar el manillar al volar.

El primer planeador de Lilienthal se llamó Derwitzer Glider. Sus planeadores se hicieron bastante populares y se convirtió en el primer fabricante en serie de planeadores y en la primera persona para abrir una empresa de producción de aviones. Se llamaba Maschinenfabrik Otto Lilienthal.

Sin embargo, su pasión por los planeadores y el vuelo sería su perdición. El 9 de agosto de 1896, Otto estaba probando su planeador y se paró. No pudo recuperarlo bajo su control, y se estrelló. Cayó 50 pies y se rompió el cuello, muriendo al día siguiente.

El francés Clement Alder desarrolló tres máquinas voladoras con motores ligeros propulsados por una hélice de cuatro patas. Las máquinas tenían una envergadura de 46 pies.

Probó la primera máquina el 9 de octubre de 1890 y el avión despegó.

Se le dio crédito por el primer impulso, lo que significa tener un despegue del motor, incluso si fue solo un salto corto.

· · ·

Luego estaba Wilbur Wright, nacido el 16 de abril de 1865, en Indiana. Era el hijo del medio en una familia de cinco. Su padre era obispo en una iglesia y viajaba a menudo, moviéndose para llevar a la familia a diferentes áreas del Medio Oeste.

Wilbur consiguió un amigo y un compañero de juegos cuando su hermano Orville nació en 1871. Una vez, cuando su padre regresó de uno de sus muchos viajes, les llevó a los dos jóvenes un modelo de helicóptero basado en un diseño realizado por el pionero aeronáutico francés cerca de Alphonse Penaud.

Estaba hecho con corcho, bambú y papel y funcionaba con una banda elástica. Los dos hermanos Wright jugaron con el modelo de helicóptero hasta que se rompió.

Luego construyeron los suyos. Más tarde, Wilbur marcaría este como el momento en que nació su interés por volar y los aviones. Wilbur era un estudiante brillante, extrovertido y fuerte. Tenía la intención de terminar la escuela secundaria e ir a la Universidad de Yale, pero entonces algo sucedió. En el invierno de 1885, él estaba jugando hockey sobre hielo con amigos y uno de ellos accidentalmente lo golpeó en la cara con un palo de hockey.

Su rostro resultó gravemente herido.

Eventualmente, la mayoría de las heridas sanaron, pero el accidente y el trauma cambiaron a Wilbur. Le dio depresión y terminó sin terminar la escuela secundaria.

En cambio, se quedó viviendo en casa, leyendo libros y tomando cuidado de su madre enferma. Su madre contrajo tuberculosis y murió en 1889. Al final, Orville tampoco terminó la escuela secundaria. Wilbur y Orville hicieron muchas cosas juntos y tuvieron muchos logros, y esos logros siempre se llevaron a cabo por igual. Incluso si ese fuera el caso, Wilbur, el hermano mayor, era el líder. él tenía la mente más innovadora e inventiva y la habilidad de ser un hombre de negocios.

Orville fue en muchos sentidos el asistente leal y dedicado de su hermano. En 1889, los hermanos comenzaron un periódico donde vivía la familia en Dayton, Ohio, llamado El Lado Este de la Historia.

Orville era el editor y Wilbur era el editor del periódico. Tuvo un éxito marginal, pero los dos se habían interesado en la moda que barría la nación: las bicicletas. Luego abrieron un taller para arreglar bicicletas en 1892 y comenzaron a diseñar sus propias bicicletas también.

Todo el tiempo, todavía estaban muy interesados en volar.

. . .

Siguieron la investigación y las innovaciones en torno a los intentos de fabricar el primer avión propulsado de largo vuelo. Se inspiraron en el estadounidense Samuel Langley, que tuvo cierto éxito en 1896 al conseguir un avión no tripulado.

Se inspiraron aún más en el entusiasta de los planeadores, el alemán Otto Lilienthal. Cuando su planeador se estrelló y finalmente lo mató, sintieron que podían mejorar lo que había logrado. Sintieron que su caída estaba en su mecanismo de dirección y comenzaron a tomar más en serio su pasión.

Estudiaron pájaros y se dieron cuenta de que un pájaro podía controlar su dirección de vuelo girando sus alas en diferentes ángulos. Wilbur comenzó a construir varios tipos de cometas para probar su teoría. Funcionaron bien, por lo que construyeron un planeador utilizando principios similares.

Cuando Wilbur pensó que había acertado, él y Orville fueron a Kitty Hawk, Carolina del Norte, donde pudieron probar su planeador en un lugar con buenos vientos y una playa de arena suave para los aterrizajes.

Su primer planeador no funcionó tan bien como les hubiera gustado, por lo que regresaron a Dayton para perfeccionar su modelo. En 1901, estaban de regreso en Kitty Hawk e hicieron docenas de vuelos. El vuelo más largo fue de 400 pies. Algo todavía no estaba bien.

De vuelta en Dayton, los hermanos hicieron un túnel de viento donde pudieron evaluar varias formas de alas.

Querían ver qué forma obtenía la mayor elevación. Construyeron un nuevo planeador con una forma de ala que funcionó mejor.

También agregaron un timón móvil en la cola trasera. Esto mejoró significativamente la capacidad de controlar sus aeronaves. Regresaron a Kitty Hawk y, después de cientos de pruebas exitosas, supieron que era hora de agregar un motor.

En 1903, los hermanos construyeron el Wright Flyer. El 17 de diciembre de 1903 volvieron a Kitty Hawk. Orville se sentó en el asiento del piloto. El Wright Flyer voló durante 12 segundos, viajó 120 pies y se elevó 10 pies del suelo. Era la primera vez en la historia que un vehículo más pesado que el aire volaba por sus propios medios.

¡Lo habían hecho! La Federation Aeronaut Internationale (FAI), la organización que lleva el registro de los registros y el establecimiento de estándares en la industria de la aviación, acredita a los hermanos Wright con "el primer vuelo sostenido y controlado más pesado que el aire".

¡Hicieron el primer avión funcional!

Por razones difíciles de entender ahora, el público estadounidense y los medios de comunicación no quedaron impresionados. Muchos pensaron que los hermanos estaban perdiendo el tiempo en la playa de Carolina del Norte. A Wilbur y Orville no les importaba. Siguieron mejorando su avión.

En 1908, comenzaron a dar manifestaciones públicas tanto en Washington DC como en Francia, donde fueron mucho más celebrados. De hecho, para entonces Wilbur ya vivía en Europa. Eventualmente, Orville se uniría a él e incluso a su hermana Katherine.

Hicieron demostraciones por todas partes, ofreciendo paseos a oficiales, periodistas y líderes. Los Wright se convirtieron en increíblemente famosos en toda Europa. En 1909 comenzaron a vender sus aviones allí. Poco después, también comenzaron a obtener contratos de los Estados Unidos.

. . .

En 1905, el Wright Flyer III era capaz de realizar vuelos sostenibles a distancias considerables. La Compañía Wright vendió aviones al Ejército de los Estados Unidos. También dirigieron una escuela de vuelo e hicieron la primera entrega de carga en la historia. Los hermanos se hicieron bastante ricos y famosos.

Desafortunadamente, en 1912, Wilbur Wright contrajo la infección bacteriana tifoidea durante un viaje a Boston.

Murió demasiado pronto a la edad de sólo cuarenta y dos años el 30 de mayo de 1912. Orville, que no era un buen hombre de negocios como su hermano, finalmente vendió The Wright Company. Luego se sentó en varias juntas que tenían que ver principalmente con la industria de la aviación.

Voló por última vez en 1944 en un Lockheed Constellation, un avión bastante diferente al que tomó su primer vuelo histórico. Murió de un ataque al corazón mientras dormía el 30 de enero de 1948.

La invención del avión cambió la forma de viajar de la gente. Hizo que el comercio mundial fuera mucho más fácil.

. . .

También cambió la forma en que se conducía la guerra. Los aviones han ido mejorando desde el primer vuelo de los Wright en esa playa de Kitty Hawk.

La aviación proporciona alrededor de 87,7 millones de puestos de trabajo en todo el mundo. Si consideramos sólo las líneas aéreas comerciales, en un momento dado están volando alrededor de nuestro planeta entre 7.782 y 8.755 aviones. Pero eso es sólo las aerolíneas comerciales, que constituyen sólo el 46,4% de los aviones en el aire.

El resto son aviones de carga, jets privados y aviones usados en la fuerza militar. Si se tienen en cuenta además, ¡en este momento hay entre 15.500 y 17.500 aviones volando en el aire! Qué increíble invento ha sido el avión.

¿SABÍAS QUÉ?

Para ese primer vuelo que los pondría en los libros de récords para siempre, los hermanos Wright lanzaron una moneda al aire para ver quién pilotaría el avión. Wilbur ganó el sorteo, pero luego no pudo despegar. Orville tuvo su oportunidad y realizó este vuelo histórico de 12 segundos.

Un estudio de 2020 encontró que solo el 11% de las personas en el mundo han estado en un avión.

El 1% que componen los viajeros frecuentes son las personas que aportan la mitad de las emisiones de carbono de la industria de la aviación.

Sarah, la madre de los hermanos Wright, era una persona de mentalidad mecánica excelente para construir cosas. Su padre era fabricante de carruajes y le encantaba pasar tiempo en su taller. Cuando sus hijos eran pequeños, les hacía juguetes y también fabricaba varios electrodomésticos para la familia. Cuando los hermanos estaban diseñando varias cosas, acudieron a su madre en busca de consejo.

Los aviones a menudo vuelan a través de tormentas eléctricas, pero.. ¿Por qué no les cae un rayo?

Pero los aviones modernos tienen un sistema que mantiene todas las corrientes eléctricas en el fuselaje y luego lo lleva a la cola y fuera del avión, sin pasar por el cuerpo real del avión por completo.

El último gran incidente con un rayo fue en 1967 cuando un tanque de combustible fue golpeado y explotó.

Ninguno de los hermanos Wright se casó ni tuvo hijos. Wilbur era famoso por decir que no tenía suficiente tiempo para una esposa y un avión.

En un vuelo comercial, los copilotos deben comer comidas diferentes en caso de que de alguna manera la comida tenga algún problema. De lo contrario, ¡ambos podrían enfermarse al mismo tiempo y no habría nadie para volar el avión! Por lo general, uno come la comida de la clase ejecutiva y el otro la comida de la primera clase.

Los hermanos Wright solo volaron juntos en el mismo avión una vez, el 25 de mayo de 1910. Orville era el piloto y Wilbur el pasajero. Volaron durante seis minutos. El mismo día, Orville llevó a su padre de 82 años en su primer viaje en avión. Volaron durante siete minutos a una altura de 358 pies.

Cuando estás en un vuelo, tus papilas gustativas están un 30% menos efectivas. La presión de la cabina afecta los nervios en las papilas gustativas. Esto afecta tu gusto salado y dulce por lo que algo como un vino dulce tendrá un sabor ácido.

El Wright Flyer costó $1,000.

El día de mayor actividad jamás registrado en la historia de la aviación fue el 25 de julio de 2019. Ese día se registraron más de 225.000 vuelos.

9

Penicilina

La penicilina fue el primer antibiótico que se inventó. Un antibiótico es un medicamento que puede matar las bacterias en nuestro cuerpo. Algunas de las infecciones más mortales que podemos contraer provienen de bacterias, por lo que poder matarlas fue un gran salto en la medicina.

Al igual que todos nuestros sorprendentes inventos hasta ahora en este libro, la penicilina a menudo se atribuye a un hombre cuando, de hecho, se necesitó un equipo de personas durante más de una década para inventar la medicina. Ahora es el antibiótico más utilizado en el mundo.

Antes de que se inventara la penicilina, morir a causa de una infección bacteriana era muy común. Por ejemplo, antes de la década de 1930 cuando la penicilina estuvo disponible, la gente moría regularmente de tuberculosis y neumonía bacteriana.

Si contrajo neumonía bacteriana en ese momento, tenía entre un 40 y un 50 % de probabilidades de morir a causa de ella. En la Primera Guerra Mundial, cuando no había penicilina, el 18% de los soldados morían de neumonía bacteriana. En la Segunda Guerra Mundial, cuando la penicilina estaba disponible, solo el 1% moría de la misma enfermedad.

El descubrimiento de la capacidad de la penicilina para detener el crecimiento de bacterias fue gracias a un laboratorio desordenado y unas vacaciones de dos semanas. El médico escocés Alexander Fleming era bacteriólogo en el Hospital St. Mary's de Londres.

En septiembre de 1928, al regresar de unas vacaciones de dos semanas en Escocia, encontró algo curioso. Había estado cultivando una bacteria, la bacteria estafilococo, en placas de Petri, y cuando regresó, descubrió que algún tipo de moho había arruinado su experimento. Cuando miró más de cerca, notó que en las manchas en las placas de Petri donde creció el moho, el estafilococo y las bacterias habían muerto.

Sabía el número de víctimas que las bacterias tenían en la humanidad y una teoría surgió en su cabeza: ¿y si este molde tiene algo que podía matar las bacterias en los humanos?

. . .

Investigó y encontró que el moho era Penicillium Notatum. Publicó sus hallazgos en un artículo en una revista británica de patología experimental en 1929.

Aunque a Fleming se le atribuye la invención de la penicilina, ese fue realmente el final de su entrada. También se suele decir que la penicilina se inventó en 1928. Sin embargo, el moho en esa placa de Petri todavía tenía un largo camino por recorrer antes de que pudiera convertirse en un fármaco que los médicos podrían utilizar para tratar a los pacientes.

La siguiente parte de la historia se traslada a la Universidad de Oxford en Inglaterra donde el Dr. Howard Florey trabajó como director de la Escuela de Patología Sir William Dunn. En 1938, él estaba leyendo números atrasados de una revista de patología inglesa y se encontró con el artículo de Fleming.

Decidió trabajar en este trabajo con la esperanza de que la parte del Penicillium Moho que era antibacteriano podría ser extraído y utilizado de una manera práctica para salvar vidas.

Montó un laboratorio con algunos de sus mejores y más brillantes colaboradores y se pusieron manos a la obra.

· · ·

Uno de los miembros de su equipo fue el Dr. Ernst Chain, un judío alemán que había emigrado a Inglaterra. Él era brillante aunque un poco abrasivo y socavar a su jefe. Él y Florey inventaron una forma de extraer el agente que mata las bacterias químicas del molde. Ahora tenían algo con lo que podrían trabajar.

En el verano de 1940, usaron ese extracto en cincuenta ratones en su laboratorio. Dieron las cincuenta bacterias estreptocócicas que causó la enfermedad mortal sepsis. Entonces ellos dieron a la mitad de ellos el extracto del moho; y a la otra mitad, no le dieron nada.

Otro miembro del equipo, el Dr. Norman Heatley, recuerda estar en el laboratorio a altas horas de la noche y ver que el grupo de control se estaba enfermando y muriendo, mientras que los ratones que habían recibido el extracto de Penicillium estaban sanos. Se fue a casa sabiendo que habían hecho algo particularmente importante.

Una vez que el experimento con ratones demostró que la penicilina era efectiva para matar infecciones bacterianas dentro de los seres vivos, Florey supo que tenían que probarla en humanos. Había oído hablar de un hombre que podría ser perfecto. Albert Alexander era agente de policía en Oxford. Estaba trabajando en su jardín y se rasgó uno de sus rosales.

. . .

El rasguño se infectó con bacterias estreptococos y estafilococos. La infección se extendió a su ojo y su cuero cabelludo. Fue admitido en la Enfermería Radcliffe. Los médicos allí probaron lo único que tenían entonces para combatir las infecciones, las sulfonamidas.

No estaban trabajando. La infección se estaba desarrollando a través de abscesos alrededor del cuerpo de Alexander incluyendo sus pulmones; él estaba muriendo. En septiembre de 1940, Florey le pidió a Alexander si les permitía probar el extracto de penicilina.

Estuvieron de acuerdo ya que no tenían otras opciones.

Al policía le dieron penicilina durante cinco días, pero luego hubo un problema. El moho producía una cantidad extremadamente pequeña de penicilina. Esto se vio agravado por el hecho de que Inglaterra ya estaba en guerra, y el laboratorio de Flo- y estaba bajo restricciones durante la guerra, lo que les causó aún más problemas para extraer la penicilina del moho.

¡Incluso llegaron al extremo de recuperar cualquier penicilina que encontraron en la orina del paciente e inyectarla de nuevo en su cuerpo!

. . .

Alexander mejoró mientras recibió la penicilina, pero un mes después murió a causa de la infección. Florey estaba seguro de que si hubieran tenido suficiente extracto, el paciente habría sobrevivido.

Florey buscó un laboratorio en todo el mundo que podría trabajar con él para encontrar una manera de aumentar la cantidad de penicilina que podrían obtener del moho. Entonces podría producir suficiente para hacer de la penicilina una droga que podría estar disponible para todo el mundo. Encontró ese laboratorio en Peoria, Illinois en los Estados Unidos. Él y Heatley viajaron allí.

El equipo recién formado estaba trabajando en varios métodos de extracción y crecimiento del moho cuando un día una asistente de laboratorio, Mary Hunt, llegó a trabajar con un melón que tenía un moho de color dorado. Cuando probaron ese moho, encontraron que era otro tipo de Penicillium, Penicillium chrysogenum.

También descubrieron que este Penicillium producía mucha más penicilina, 200 veces más al principio y luego, cuando le hicieron algunos procedimientos, lograron obtener 1000 veces más. Ahora tenían un molde con el que podían trabajar.

. . .

Durante su estancia en Estados Unidos, Heatley trabajó con un estadounidense llamado Dr. A.J. Moyer. Ellos fueron los que encontraron la manera de extraer la mayor cantidad de penicilina del nuevo molde. Su relación laboral comenzó bien, pero pronto Heatley descubrió que Moyer ya no compartía información con él y hacía parte del trabajo en secreto.

Más tarde, Moyer redactó un artículo sobre su trabajo y lo que habían descubierto, que era un proceso de extracción posterior que desarrollaron juntos que permitió la penicilina para ser purificada a granel.

Dejó el nombre de Heatley fuera del periódico como contribuyente al trabajo y al éxito que habían encontrado.

Se hizo evidente porque poco después Moyer patentó el proceso que habían utilizado, una patente que le hizo ganar mucho dinero, una patente que nuevamente excluía el nombre de Heatley.

Ahora la penicilina estaba lista. En 1942, le dieron la nueva penicilina a una mujer, Ann Miller, que había abortado a su bebé y luego había desarrollado una infección. La infección se había convertido en un envenenamiento de la sangre y ella se estaba muriendo.

. . .

Le dieron penicilina, esta vez suficiente para que la infección bacteriana pudiera detenerse por completo. Se recuperó y se convirtió en la primera persona en la historia en curarse de una infección bacteriana con penicilina.

A partir de entonces, la penicilina comenzó a fabricarse a granel. Las compañías farmacéuticas se pusieron a trabajar produciendo el fármaco. En los primeros cinco meses de 1943, cuando el mundo estaba en guerra, había cuatrocientos millones de unidades de penicilina. ¡Al final de la Segunda Guerra Mundial, las empresas estadounidenses fabricaban 650 mil millones de unidades cada mes! Se estima que, desde la invención de la penicilina, se han salvado más de doscientos millones de vidas.

Es el antibiótico más utilizado en todo el mundo, incluso hoy en día, cuando hay muchos otros tipos de antibióticos disponibles.

Fleming, Florey y Chain recibieron el Premio Nobel de Fisiología o Medicina en 1945 por su trabajo sobre la invención de la penicilina. Muchos pensaron que el Comité del Nobel había cometido un error al dejar a Heatley fuera del premio por el trabajo que había hecho con la droga.

En 1990, la Universidad de Oxford corrigió ese error al otorgarle a Heatley un doctorado honoris causa en medicina, algo que nunca habían hecho en sus 800 años de historia. En muchos sentidos, la historia de la penicilina demuestra que los errores y la mera casualidad pueden jugar un papel bastante significativo en el cambio del curso de la historia.

Si Fleming no se hubiera ido de vacaciones y dejado que sus placas de Petri se infectaran con moho o si Florey no se hubiera tomado unos momentos libres para revisar los números atrasados de una revista de ciencia, es posible que nunca hubiéramos tenido el asombroso invento de la penicilina.

Deberíamos estar agradecidos de que ambas partes del azar cayeran a nuestro favor.

10

La Computadora

Calcular significa hacer cálculos. Una computadora, computa. Durante mucho tiempo, lo que la gente llamaba computadora era una máquina que podía sumar, restar, multiplicar y dividir, a menudo sorprendentemente rápido y libre de errores, pero era básicamente lo que llamamos una calculadora.

Tuvieron que cambiar algunas cosas antes de que pudiéramos llegar a donde estamos ahora: tener un dispositivo en el bolsillo que pueda darnos una respuesta casi inmediata a cualquier pregunta, pueda conectarnos instantáneamente con cualquier persona en todo el mundo y no solo pueda calcula cualquier ecuación, ¡pero también puede ganarte al ajedrez!

Si estamos hablando de la computadora en su definición más básica, entonces la primera computadora fue el ábaco, inventado hace unos 2000 años en Mesopotamia. La mayoría de ustedes podría haber visto un ábaco, algunos incluso podrían haberlo usado. Es básicamente un marco de madera con alambres que sostienen diez cuentas cada uno.

La línea inferior de cuentas es para las unidades, la siguiente para las decenas, la siguiente para las centenas, y así sucesivamente. Puede usarlo para hacer la mayoría de los cálculos matemáticos. Algunas personas todavía los usan hoy. Si miramos hacia atrás en la historia y buscamos dónde comenzó el camino que condujo a las computadoras que tenemos hoy, tenemos que empezar con Charles Babbage.

Babbage nació en 1791 en una familia adinerada de Londres. A medida que crecía, mostró su inteligencia desarmando todos sus juguetes y volviéndolos a armar.

Creció y fue a la universidad y estudió y trabajó en muchos campos: matemáticas, filosofía, ingeniería mecánica e inventiva. Era un erudito, como mucha gente de su edad. Un erudito es una persona con una educación profunda y experiencia en muchas materias y campos. A Babbage a menudo se le llama "El padre de la computadora" porque diseñó la primera computadora que podía entender un comando y podía programarse como las computadoras modernas.

. . .

La primera computadora que diseñó y construyó, aunque no completamente, se llamó The Difference Machine.

Trabajó en él a principios de la década de 1830. Era una máquina de computación que podía sumar y multiplicar, así como imprimir una tabla de sus resultados. Era fiable y rápido en comparación con las máquinas informáticas anteriores.

De hecho, construyó una máquina de diferencias, aunque se quedó sin fondos para la parte de impresión. También trabajó con el primer programador de computadoras; una mujer llamada Ada Lovelace. Ella era la hija del famoso poeta Lord Byron.

Babbage había recibido financiación durante casi diez años, unas 17.000 libras esterlinas en total, pero no fue suficiente para construir su máquina más importante: la máquina analítica. Sin embargo, en 1837, había hecho todos sus planes y diseños. Esta era la máquina que podía programarse. Murió antes de que pudiera obtener más fondos.

Esta es la máquina que sería el lugar a partir del cual crecerían las computadoras modernas. Pero no hasta el próximo siglo.

. . .

Se siguieron utilizando máquinas de computación.

Tuvieron muchas ventajas sobre los humanos que hacen computación. No se cansaron y eventualmente se volvieron extremadamente precisos. En 1890, Herman Hollerith y James Powers necesitaban un mejor tipo de computadora para el trabajo que hacían en la Oficina del Censo de los Estados Unidos, las personas que contaban a las personas.

Trabajaban con muchos números y ecuaciones y necesitaban una máquina mejor, así que hicieron una.

Crearon una computadora que podía leer una tarjeta con perforaciones que tenían instrucciones y podía producir tarjetas con perforaciones que tenían instrucciones de salida.

Esta máquina tenía un uso muy práctico y potencial de mercado, y varias empresas tenían interés en él.

Pero no fue hasta que comenzó la Segunda Guerra Mundial que las computadoras empezaron a cambiar bastante rápido. La guerra necesitaba algo mejor en la computación en muchos frentes. La Segunda Guerra Mundial tuvo muchas más técnicas de armas que las guerras que la precedieron, y estas armas requerían cálculos complicados sobre los caminos que seguirían y las trayectorias.

¡Un cálculo matemático incorrecto podría significar que una bomba golpea el objetivo equivocado!

Otro trabajo importante que realizaron las computadoras durante la Segunda Guerra Mundial fue la decodificación de complicados mensajes codificados entre los enemigos. Conocer sus planes antes de que fueran implementados fue una estrategia importante en la guerra. La tecnología informática dio grandes saltos durante la guerra para hacer frente a estos desafíos.

John P. Eckert, John W. Mauchly y sus asociados de la Escuela Moore de Ingeniería Eléctrica de la Universidad de Pensilvania se propusieron construir una computadora de alta velocidad que pudiera manejar los requisitos del esfuerzo bélico. Construyeron ENIAC, una calculadora e integradora numérica eléctrica.

Podía multiplicar dos dígitos de diez decimales a una velocidad de trescientos por segundo. Era mil veces más rápido que cualquier computadora anterior. ¡Pero era enorme! Ocupaba 1.800 pies cuadrados y utilizaba 180.000 W de energía eléctrica. Usó 20.000 tubos de vacío para hacer los diversos cálculos.

ENIAC se considera la primera generación de computadoras modernas.

La tecnología que usaba para calcular eran interruptores binarios, ya sea encendido o apagado (a veces considerados como uno o cero), para hacer el trabajo de la computadora, al igual que ahora. Sin embargo, en ese momento el encendido y apagado lo hacían esos tubos de vacío.

Otros avances durante la Segunda Guerra Mundial fueron las computadoras descifradoras Colossus, creadas por Tommy Flowers, asistido por Sidney Broadhurst, William Chandler y para las máquinas Mark 2, Allen Coombs, utilizadas por Alan Turing para desbloquear el código muy complicado de los alemanes creado por sus Máquina de enigmas.

Esa primera generación de computadoras duró desde 1940 hasta 1956. Terminó cuando se reemplazó el tubo de vacío por el transistor, y comenzó a desarrollarse la segunda generación de computadoras. El primero fue TX-O y poco después otra empresa produjo su 7070 y RCA produjo su 501. Los transistores permitieron que las computadoras fueran más pequeñas; aunque ocupaban una habitación, utilizaban menos energía y desaparecía la preocupación por el sobrecalentamiento. Aun así, debe recordar que las computadoras eran grandes y costosas. Solo se podían encontrar en el gobierno, laboratorios privados y otras grandes organizaciones.

. . .

La tercera generación de computadoras fue de 1964 hasta 1971. Esta generación ahora tenía computadoras que tenían circuitos integrados. Un circuito integrado funcionaba con semiconductores o chips. Esto dio origen a una industria completamente nueva: la industria de los semiconductores, estimada en 2021 en un valor de $527 mil millones.

Un semiconductor son miles de transistores en una pequeña pieza de silicio. El procesamiento y los cálculos en una computadora se realizan en esos chips. Aumentó el poder de las computadoras en muchas magnitudes, especialmente a medida que mejoraba la industria de los semiconductores.

La cuarta generación de la computadora vio la adición de un microprocesador. Esto fue en 1972. La mayoría está de acuerdo en que todavía estamos en la cuarta generación de la computadora.

El microprocesador era un nuevo tipo de chip. Es lo que permitió el desarrollo de la primera microcomputadora y la computadora de escritorio, computadoras para uso fuera de la industria y las empresas. En ese momento, la computadora personal estaba emergiendo y finalmente se convirtió en la norma.

Con cada mejora en el procesamiento de la computadora, las computadoras se hicieron más pequeñas y más rápidas.

Podrían hacer más y más. Solo dependía de lo que se les ocurriera a los programadores. Los programas en la computadora se llaman software. El hardware son las partes reales de la máquina. A medida que el hardware mejoró, el software también mejoró. Pronto las computadoras estaban haciendo muchas cosas, mucho más allá de su propósito original de computar.

En la década de 1980, la gente quería varios tipos de dispositivos portátiles. Algunos eran poco más que calendarios electrónicos; algunos podrían hacer un procesamiento de texto ligero. Eventualmente, estos dispositivos se convirtieron en computadoras portátiles. Ahora la gente podía llevar sus computadoras de ida y vuelta al trabajo y al hogar.

En 2008, las computadoras portátiles comenzaron a vender más que las computadoras de escritorio.

La otra forma en que esos primeros dispositivos portátiles mutaron fue para convertirse eventualmente en el teléfono inteligente. Esto comenzó con el primer teléfono de la manzana en 2007. Ahora, la mayoría de nosotros llevamos una computadora en el bolsillo que es muchas veces más poderosa y usa una pequeña fracción de la energía, y mucho, mucho más barato que ENIAC.

. . .

Algunos cuentan la quinta generación de la computadora que comenzó en 2010 con la introducción de la inteligencia artificial (IA). Las computadoras antes de AI solo hacían exactamente lo que estaban programadas para hacer. Siri y Cortana son ejemplos de IA. Pueden recopilar información en Internet a partir de una solicitud de voz y encontrar una respuesta. Todavía es un programa que debe ser escrito por un humano, pero la tecnología es solo en los primeros días, por lo que no sabemos a dónde podría ir.

Es casi imposible encontrar un área de nuestras vidas donde las computadoras no jueguen un papel ahora.

Casi todas las empresas utilizan computadoras para el mantenimiento de registros y la contabilidad. Los diseñadores tienen computadoras con programas que pueden diseñar un edificio, un vestido o incluso un jet. Nunca podríamos haber viajado a la luna sin computadoras.

Los autos tienen computadoras para mantener el motor funcionando apropiadamente, tienen computadoras que nos dicen adónde ir cuando estamos perdidos, y pronto podría haber computadoras que conduzcan ellos también.

Incluso los semáforos están controlados por computadoras para que el tráfico fluya de la mejor manera.

. . .

En el hospital, la mayor parte del equipo médico tiene componentes de computadora, desde máquinas de imágenes médicas hasta máquinas para analizar sangre. Las computadoras han revolucionado las comunicaciones, los medios y el entretenimiento, incluidas la realización de películas y juegos de azar. Las computadoras son de hecho uno de los más sorprendentes inventos que los humanos han creado alguna vez, y han cambiado nuestras vidas por completo.

¿SABÍAS QUÉ?

El primer mouse de computadora fue diseñado en 1964 por Doug Engelbart, ¡y estaba hecho de madera! Fue diseñado como una caja de madera, con dos ruedas metálicas que hacen contacto con la superficie y una sola llave. Tenía ruedas de metal y 8 años después, en 1972, Bill English creó lo que conocemos como el "Ratón Bola".

Dorothy Crowfoot-Hodgkin trabajó con Ernst Chain en 1941 para encontrar la estructura de la molécula de penicilina. Usó un método llamado difracción de rayos X. Recibió ayuda de colegas en los EE. UU. y también de una de las primeras computadoras de IBM. Crowfoot-Hodgkin publicó la estructura de la penicilina en 1949, lo que llevó a que finalmente la penicilina se pudiera producir a granel.

. . .

Algunas de las compañías de computadoras más grandes comenzaron su negocio en garajes, incluidos Microsoft, HP y Apple.

Cuando un médico te receta un antibiótico, siempre debes terminarlo, incluso si te sientes mejor. Esto se debe a que los antibióticos funcionan lentamente, y si dejas de tomarlos, todavía habrá algunas bacterias que causan enfermedades en tu cuerpo y rápidamente se enfermará nuevamente.

Si tienes un trabajo que requiere que trabajes en una computadora, tus manos viajan alrededor de doce millas cada día.

Los piratas informáticos escriben alrededor de 6.000 nuevos virus informáticos al mes. El virus informático más caro hasta ahora fue el virus MyDoom, que costó a las empresas 38.500 millones de dólares para deshacerse de él y reparar el daño que causó. También fue el virus informático de mayor propagación de todos los tiempos.

No debes abusar de los antibióticos porque las bacterias contra las que combaten cambiarán y se volverán inmunes a las propiedades letales del antibiótico. Alexander Fleming mencionó esto en su discurso cuando recibió su Premio Nobel. Él advirtió a las personas que usaran la penicilina con cuidado para no crear bacterias resistentes.

No escuchamos y ahora tenemos superbacterias que ninguna bacteria puede matar.

Las computadoras tienen pantallas muy brillantes que no son buenas para tus ojos. Para mantener sus ojos sanos, al menos cada 20 minutos debe apartar la vista de su computadora hacia algo a unos nueve metros de distancia.

¡Pronto puede haber computadoras que puedan decirnos lo que está pensando un perro! Una empresa escandinava ha dicho que han estado trabajando en ello y que ya han producido un prototipo de computadora para hacer el trabajo.

Ahora hay más de cien tipos de antibióticos. Los médicos prescriben varios tipos de antibióticos para diferentes tipos de enfermedades.

11

Motor De Combustión Interna

El motor de combustión interna se entiende como una evolución de la máquina de vapor. A diferencia de este último, el cual aprovecha la presión del vapor de agua que se genera por una combustión externa, el trabajo se obtiene por la combustión interna de una mezcla de aire y combustible.

El ingeniero belga Etienne Lenoir construyó el primer motor de combustión interna en 1860; consumía gas de alumbrado y solamente aprovechaba el 3 % de la energía producida por la combustión. Unos años más tarde, en 1876, el alemán Nikolaus Otto lo mejoró notablemente, siendo este el primero en funcionar con el ciclo de cuatro tiempos. La máquina de Nikolaus disponía de encendido por chispa externa y accionamiento por pistones alternativos, y pese a que era demasiado grande y pesado para ser utilizado en automóviles, pronto se empezó a fabricar en grandes cantidades para aplicaciones estacionarias.

En honor a su fundador, la denominación Otto quedó registrada para referirse a este tipo de motores hasta la actualidad, aunque también es popularmente conocido como motor de gasolina.

Por otra parte, el primer motor satisfactorio con ciclo de dos tiempos apareció, en 1878, de la mano del escocés Dugald Clerk.

No fue hasta 1885 cuando Daimler monta un motor de gasolina de alta velocidad, desarrollado por el ingeniero alemán Wilhelm Maybach, sobre un vehículo de dos ruedas, iniciando entonces la historia de la motocicleta.

El 29 de enero de 1886, Karl Benz obtuvo la patente alemana número 37435 del primer automóvil. Se trataba de un diseño triciclo de chasis tubular, propulsado por un motor en disposición horizontal monocilíndrico de 954 cm^3 y una potencia declarada de 2/3 CV a 250 rpm. En verano del mismo año, Gottlieb Daimler presentaba su primer vehículo autopropulsado de cuatro ruedas y dos velocidades de transmisión. Consistía en un carruaje abierto de caballos con motor de un solo pistón acoplado en posición central vertical. También en 1886, Daimler aplica el motor de Maybach sobre un carruaje de cuatro ruedas. El primer automóvil comercializado por Daimler-Maybach llegó en 1889; estaba propulsado por un motor de dos cilindros en V e incorporaba una caja de cambios de cuatro relaciones.

En 1892, el alemán Rudolf Diesel inventó un motor de autoignición que funciona con combustibles pesados, y que más tarde pasaría a llamarse motor Diesel. Este era de grandes proporciones y lento, diseñado en primera instancia para funcionamientos estacionarios. Su compleja construcción conllevaba altos costes de producción. Además, los primeros motores Diesel sencillos eran incómodos por su elevado nivel acústico y, en general, presentaban peor comportamiento en aceleración en comparación con los motores de gasolina. En 1897 nace el primer motor de estas características, pero no es hasta 1912 cuando se implanta en una locomotora y en 1923 en un camión.

Primer motor Diesel

Entrado el siglo XX, Jacobus y Hendrik-Jan Spijker revolucionan la técnica de automoción, entre otros aspectos, por construir el primer motor de seis cilindros en línea y 8,8 litros de cubicaje; su nombre era Spyker 60 HP y corría el año 1903. No obstante, el motor de combustión todavía no consiguió imponerse a gran escala en la competencia hasta finales de la década.

Si bien en 1902 un vehículo con motor de gasolina lograba batir por primera vez el récord absoluto de velocidad, hasta entonces los vehículos eléctricos y de vapor habían dominado el panorama.

. . .

Los propulsores eléctricos y a vapor disponían de una curva de par casi ideal, motivo por el cual no requerían ni embrague ni caja de cambios y resultaban mucho más fáciles de manejar, menos propensos a sufrir averías y con mantenimientos menos complejos; todo esto eran ventajas decisivas respecto a los motores con combustibles líquidos.

En 1957, el alemán Felix Wankel fábrica exitosamente un motor de pistón rotativo, conocido hasta la fecha con su mismo apellido.

Felix Wankel

A partir de los años 70, el motor Diesel es aceptado como tipo de propulsor rentable, gracias a la "miniaturización" impulsada por las mejoras en los materiales y en la fabricación de los motores destinados al sector de los automóviles utilitarios. En la siguiente década, el Diesel se posiciona a la altura para competir con la referencia de la época en cuanto a fuente de propulsión se refiere, es decir, el motor de gasolina.

Con el paso de los años, el sector de la automoción ha sufrido diversas crisis, tanto energéticas, del petróleo, medioambientales, etc., que han mermado la experimentación y el desarrollo continuo de los motores; sin embargo, todavía hoy siguen estando presentes en los vehículos del mercado y se sigue investigando en su evolución. Si bien las motorizaciones Otto y Diesel, durante los últimos años, han sido las más utilizadas para su montaje en turismos, hoy día están creciendo las soluciones híbridas y eléctricas, en busca de aminorar los niveles de polución del planeta y aumentar el grado de comodidad de conducción de los vehículos.

Parece que todavía queda vida para los motores de combustión interna en los vehículos, pero vemos que existe una evolución constante y, actualmente, encontramos opciones híbridas y eléctricas que cada vez toman más fuerza y no hay que perderlas de vista.

12

Los Antibióticos

EL TÉRMINO antibióticos literalmente significa "contra la vida"; en este caso, contra los microbios. Existen muchos tipos de antibióticos: antibacterianos, antivirales, antimicóticos y antiparasitarios. Algunos medicamentos son eficaces contra varios organismos; a estos se les llama antibióticos de amplio espectro. Otros son eficaces sólo contra unos cuantos organismos y se les llama antibióticos de espectro reducido.

Los antibióticos de uso más común son los antibacterianos.

Su hijo puede haber recibido ampicilina para una infección de oído o penicilina para una garganta con estreptococos.

Cuando un hijo se enferma, los padres se preocupan.

. . .

Aún si tiene solo un resfriado leve que lo vuelve irritable y malhumorado o un dolor de oído que solo duele un poco; estos momentos pueden ser muy estresantes. Por supuesto, usted quiere darle el mejor tratamiento posible. Para muchos padres, esto quiere decir llevarlo al pediatra y salir de la clínica con una receta médica para antibióticos.

Pero necesariamente no es lo que ocurrirá durante la visita al médico. Después de examinar a su pequeño, el pediatra puede decirle que con base en los síntomas de su hijo o tal vez los resultados de alguna prueba, los antibióticos sencillamente no son necesarios.

A muchos padres les sorprende esta decisión. Después de todo, los antibióticos son medicamentos poderosos que han aliviado el dolor y el sufrimiento de los humanos por décadas. Incluso han salvado vidas. Pero muchos médicos no acuden a estas prescripciones tan rápido como solían hacerlo. En años recientes, se están percatando de que hay desventajas al elegir antibióticos: si estos medicamentos se usan cuando no se necesitan o se toman de manera incorrecta, de hecho pueden poner a su hijo en un riesgo de salud más elevado. Así es, los antibióticos se deben recetar y usar con precaución o sus beneficios potenciales disminuirán para todos.

Un vistazo al pasado

. . .

Las enfermedades graves que alguna vez mataron a miles de jóvenes anualmente han sido casi eliminadas en muchas partes del mundo gracias al uso generalizado de las vacunas infantiles.

De manera muy parecida, el descubrimiento de los medicamentos antimicrobianos (antibióticos) fue uno de los logros médicos más significativos del siglo 20. Existen varios tipos de antimicrobianos: medicamentos antibacterianos, antivirales, antimicóticos y antiparasitarios (Aunque los antibacterianos muchas veces se conocen por el término general antibióticos, usaremos el término más preciso). Por supuesto, los antimicrobianos no son panaceas que pueden curar todas las enfermedades. Cuando se usan en el momento correcto, pueden curar muchas enfermedades graves y potencialmente mortales.

Los antibacterianos están diseñados específicamente para tratar las infecciones bacterianas. Miles de millones de bacterias microscópicas normalmente viven en la piel, el sistema digestivo y en nuestras bocas y gargantas. La mayoría son inofensivas para los humanos, pero algunas son patógenas (causan enfermedades) y pueden causar infecciones en los oídos, la garganta, la piel y otras partes del cuerpo. En la era anterior a los antibióticos, a principios de 1900, las personas no tenían medicamentos contra estos gérmenes comunes y como resultado, el sufrimiento humano era enorme.

. . .

Aunque el sistema inmune del cuerpo que combate enfermedades muchas veces puede atacar exitosamente las infecciones bacterianas, a veces los gérmenes (microbios) son demasiado fuertes y su hijo puede enfermarse.

Por ejemplo, antes de los antibióticos, el 90% de los niños que se contagiaban con meningitis bacteriana fallecían. Entre los niños que sobrevivían, la mayoría tenía discapacidades graves y duraderas, desde sordera hasta retraso mental.

Las infecciones de la garganta eran a veces una enfermedad mortal y las infecciones del oído a veces se pasaban del oído al cerebro, causando problemas graves.

Otras infecciones graves, desde la tuberculosis hasta la neumonía y la tosferina, eran causadas por bacterias agresivas que se reproducían a una velocidad extraordinaria y provocaban enfermedades graves y a veces la muerte.

El surgimiento de la penicilina

Con el descubrimiento de la penicilina y el comienzo de la era de los antibióticos, las propias defensas del cuerpo ganaron un poderoso aliado.

. . .

En la década de 1920, el científico británico Alexander Fleming estaba trabajando en su laboratorio en el hospital St. Mary en Londres cuando, casi por accidente, descubrió una sustancia de crecimiento natural que podía atacar a ciertas bacterias. En uno de sus experimentos en 1928, Fleming observó que colonias de la bacteria común Staphylococcus aureus habían sido agotadas o eliminadas por un moho que creció en el mismo plato o placa de Petri. Él determinó que el moho elaboraba una sustancia que podía disolver las bacterias. Llamó a esta sustancia penicilina, por el nombre del moho Penicillium que la produce. Fleming y otros realizaron una serie de experimentos en las 2 décadas siguientes usando penicilina que tomaron de los cultivos de moho que mostraron su capacidad de destruir bacterias infecciosas.

En poco tiempo, otros investigadores de Europa y Estados Unidos empezaron a recrear los experimentos de Fleming.

Pudieron producir suficiente penicilina como para probarla en animales y luego en humanos. A partir de 1941, encontraron que incluso los niveles bajos de penicilina curaban infecciones muy graves y salvaban muchas vidas. Por sus descubrimientos, Alexander Fleming ganó el Premio Nobel de Fisiología y Medicina.

Las compañías farmacéuticas estaban muy interesadas en este descubrimiento y empezaron a producir penicilina con propósitos comerciales. Se usaba bastante para tratar a los soldados durante la Segunda Guerra Mundial, curando infecciones por heridas en el campo de batalla y neumonía.

De mediados a finales de la década de 1940, se volvió ampliamente accesible para el público en general. Los titulares de los periódicos la llamaban el medicamento milagroso (aunque no existe ningún medicamento que realmente merezca esa descripción).

Con el éxito de la penicilina, empezó la carrera para producir otros antibióticos. En la actualidad, los pediatras y otros médicos pueden elegir entre docenas de antibióticos del mercado, y se recetan en cantidades muy altas. En Estados Unidos, cada año se hacen por lo menos 150 millones recetas médicas para antibióticos, muchas de ellas para niños.

Problemas con los antibióticos

El éxito de los antibióticos ha sido impresionante. Al mismo tiempo, la emoción por los mismos ha sido atenuada por un fenómeno llamado resistencia a los antibióticos. Este es un problema que surgió poco después de la introducción de la penicilina y ahora amenaza la utilidad de este importante medicamento.

. . .

Casi desde el principio, los médicos notaban que en algunos casos, la penicilina no era útil contra ciertas cepas de Staphylococcus aureus (bacterias que causan infecciones en la piel). Desde entonces, este problema de la resistencia ha ido creciendo e involucrando a otras bacterias y antibióticos. Este es un problema de salud pública. De forma creciente, se ha vuelto más difícil tratar algunas infecciones graves, forzando a los médicos a recetar un segundo o incluso tercer antibiótico cuando el primer tratamiento no funciona.

En vista de esta creciente resistencia a los antibióticos, muchos médicos se han vuelto mucho más cuidadosos cuando recetan estos medicamentos. Ven la importancia de recetar antibióticos solo cuando son absolutamente necesarios. De hecho, una encuesta reciente practicada en médicos de consultorios, publicada en JAMA: The Journal of the American Medical Association en 2002, demostró que los médicos redujeron la cantidad de prescripciones de antibióticos que recetaron a niños con infecciones respiratorias comunes aproximadamente en un 40% durante la década de 1990.

Los antibióticos se deben usar de manera inteligente y solo como lo indica el pediatra. Si se siguen estas normas, las propiedades curativas de estas sustancias se conservarán para su hijo y las generaciones por venir.

13

Engranajes

Se denomina engranaje o ruedas dentadas al mecanismo utilizado para transmitir potencia de un componente a otro dentro de una máquina. Los engranajes están formados por dos ruedas dentadas, de las cuales la mayor se denomina corona y la menor 'piñón'. Un engranaje sirve para transmitir movimiento circular mediante contacto de ruedas dentadas. Una de las aplicaciones más importantes de los engranajes es la transmisión del movimiento desde el eje de una fuente de energía, como puede ser un motor de combustión interna o un motor eléctrico, hasta otro eje situado a cierta distancia y que ha de realizar un trabajo.

De manera que una de las ruedas está conectada por la fuente de energía y es conocido como engranaje motor y la otra está conectada al eje que debe recibir el movimiento del eje motor y que se denomina engranaje conducido. Si el sistema está compuesto de más de un par de ruedas dentadas, se denomina 'tren.

La principal ventaja que tienen las transmisiones por engranaje respecto de la transmisión por poleas es que no patinan como las poleas, con lo que se obtiene exactitud en la relación de transmisión.

Historia

Molde chino para fabricar engranajes de bronce (siglos II a. C. a III d. C.).

Desde épocas muy remotas se han utilizado cuerdas y elementos fabricados en madera para solucionar los problemas de transporte, impulsión, elevación y movimiento. Nadie sabe a ciencia cierta dónde ni cuándo se inventaron los engranajes. La literatura de la antigua China, Grecia, Turquía y Damas mencionan engranajes, pero no aportan muchos detalles de los mismos.

Mecanismo de Antikythera

El mecanismo de engranajes más antiguo de cuyos restos disponemos es el mecanismo de Antikythera. Se trata de una calculadora astronómica datada entre el 150 y el 100 a. C. y compuesta por al menos 30 engranajes de bronce con dientes triangulares.

. . .

Presenta características tecnológicas avanzadas como por ejemplo trenes de engranajes epicicloidales que, hasta el descubrimiento de este mecanismo, se creían inventados en el siglo XIX. Por citas de Cicerón se sabe que el de Anticitera no fue un ejemplo aislado, sino que existieron al menos otros dos mecanismos similares en esa época, construidos por Arquímedes y por Posidonio. Por otro lado, a Arquímedes se le suele considerar uno de los inventores de los engranajes porque diseñó un tornillo sin fin.

En China también se han conservado ejemplos muy antiguos de máquinas con engranajes. Un ejemplo es el llamado "carro que apunta hacia el Sur" (120-250 d. C.), un ingenioso mecanismo que mantenía el brazo de una figura humana apuntando siempre hacia el Sur gracias al uso de engranajes diferenciales epicicloidales. Algo anterior, de en torno a 50 d. C., son los engranajes helicoidales tallados en madera y hallados en una tumba real en la ciudad china de Shensi.

No está claro cómo se transmitió la tecnología de los engranajes en los siglos siguientes. Es posible que el conocimiento de la época del mecanismo de Anticitera sobreviviese y contribuyese al florecimiento de la ciencia y la tecnología en el mundo islámico de los siglos IX al XIII. Por ejemplo, un manuscrito andalusí del siglo XI menciona por vez primera el uso en relojes mecánicos tanto de engranajes epicíclicos como de engranajes segmentados.

· · ·

Los trabajos islámicos sobre astronomía y mecánica pueden haber sido la base que permitió que volvieran a fabricar calculadoras astronómicas en la Edad Moderna. En los inicios del Renacimiento esta tecnología se utilizó en Europa para el desarrollo de sofisticados relojes, en la mayoría de los casos destinados a edificios públicos como catedrales.

Engranaje helicoidal de Leonardo

Leonardo da Vinci, muerto en Francia en 1519, dejó numerosos dibujos y esquemas de algunos de los mecanismos utilizados hoy diariamente, incluido varios tipos de engranajes de tipo helicoidal.

Los primeros datos que existen sobre la transmisión de rotación con velocidad angular uniforme por medio de engranajes corresponden al año 1674, cuando el famoso astrónomo danés Olaf Roemer (1644-1710) propuso la forma o perfil del diente en epicicloide.

Robert Willis (1800-1875), considerado uno de los primeros ingenieros mecánicos, fue el que obtuvo la primera aplicación práctica de la epicicloide al emplearla en la construcción de una serie de engranajes intercambiables. De la misma manera, de los primeros matemáticos fue la idea del empleo de la envolvente de círculo en el perfil del diente, pero también se deben a Willis las realizaciones prácticas.

A Willis se le debe la creación del odontógrafo, aparato que sirve para el trazado simplificado del perfil del diente de evolución.

Es muy posible que fuera el francés Phillipe de Lahire el primero en concebir el diente de perfil en evolución en 1695, muy poco tiempo después de que Roemer concibiera el epicicloidal.

La primera aplicación práctica del diente en evolución fue debida al suizo Leonhard Euler (1707). En 1856, Christian Schiele descubrió el sistema de fresado de engranajes rectos por medio de la fresa madre, pero el procedimiento no se llevaría a la práctica hasta 1887, a base de la patente Grant.5.

Transmisión antigua

En 1874, el norteamericano William Gleason inventó la primera fresadora de engranajes cónicos y gracias a la acción de sus hijos, especialmente su hija Kate Gleason (1865-1933), convirtió a su empresa Gleason Works, radicada en Rochester (Nueva York, EEUU) en uno de los fabricantes de máquinas herramientas más importantes del mundo.

. . .

En 1897, el inventor alemán Robert Hermann Pfauter (1885-1914), inventó y patentó una máquina universal de dentar engranajes rectos y helicoidales por fresa madre. A raíz de este invento y otros muchos inventos y aplicaciones que realizó sobre el mecanizado de engranajes, fundó la empresa Pfauter Company que, con el paso del tiempo, se ha convertido en una multinacional fabricante de todo tipo de máquinas-herramientas.

En 1906, el ingeniero y empresario alemán Friedrich Wilhelm Lorenz (1842-1924) se especializó en crear maquinaria y equipos de mecanizado de engranajes y en 1906 fabricó una talladora de engranajes capaz de mecanizar los dientes de una rueda de 6 m de diámetro, módulo 100 y una longitud del dentado de 1,5 m.

Antigua grúa accionada con engranajes ubicada en el puerto de Sevilla.

A finales del siglo XIX, coincidiendo con la época dorada del desarrollo de los engranajes, el inventor y fundador de la empresa Fellows Gear Shaper Company, Edwin R. Fellows (1846-1945), inventó un método revolucionario para mecanizar tornillos sin fin glóbicos tales como los que se montaban en las cajas de dirección de los vehículos antes de que fuesen hidráulicas.

. . .

En 1905, M. Chambon, de Lyon (Francia), fue el creador de la máquina para el dentado de engranajes cónicos por procedimiento de fresa madre. Aproximadamente por esas fechas André Citroën inventó los engranajes helicoidales dobles.

Tipos de engranajes

La principal clasificación de los engranajes se efectúa según la disposición de sus ejes de rotación y según los tipos de dentado. Según estos criterios existen los siguientes tipos de engranajes:

- Piñón recto de 18 dientes.
- Ejes paralelos
- Engranajes especiales.
- Parque de las Ciencias de Granada.
- Cilíndricos de dientes rectos
- Cilíndricos de dientes helicoidales
- Doble helicoidales
- Ejes perpendiculares
- Helicoidales cruzados
- Cónicos de dientes rectos
- Cónicos de dientes helicoidales
- Cónicos hipoides
- De rueda y tornillo sin fin

Por aplicaciones especiales se pueden citar

- Planetarios
- Interiores
- De cremallera

Por la forma de transmitir el movimiento se pueden citar

- Transmisión simple
- Transmisión con engranaje loco
- Transmisión compuesta. Tren de engranajes
- Transmisión mediante cadena o polea dentada
- Mecanismo piñón cadena
- Polea dentada

Aplicaciones de los engranajes

Existe una gran variedad de formas y tamaños de engranajes, desde los más pequeños usados en relojería e instrumentos científicos (se alcanza el módulo 0,05) a los de grandes dimensiones, empleados, por ejemplo, en las reducciones de velocidad de las turbinas de vapor de los buques, en el accionamiento de los hornos y molinos de las fábricas de cemento, etc.

. . .

El campo de aplicación de los engranajes es prácticamente ilimitado. Los encontramos en las centrales de producción de energía eléctrica, hidroeléctrica y en los elementos de transporte terrestre: locomotoras, automotores, camiones, automóviles, transporte marítimo en buques de todas clases, aviones, en la industria siderúrgica: laminadores, transportadores, etc., minas y astilleros, fábricas de cemento, grúas, montacargas, máquinas-herramientas, maquinaria textil, de alimentación, de vestir y calzar, industria química y farmacéutica, etc., hasta los más simples movimientos de accionamiento manual.

Toda esta gran variedad de aplicaciones del engranaje puede decirse que tiene por única finalidad la transmisión de la rotación o giro de un eje a otro distinto, reduciendo o aumentando la velocidad del primero.

Incluso, algunos engranajes coloridos y hechos de plástico son usados en algunos juguetes educativos.

Bomba hidráulica

Una bomba hidráulica es un dispositivo tal que recibiendo energía mecánica de una fuente exterior la transforma en una energía de presión transmisible de un lugar a otro de un sistema hidráulico a través de un líquido cuyas moléculas estén sometidas precisamente a esa presión.

Las bombas hidráulicas son los elementos encargados de impulsar el aceite o líquido hidráulico, transformando la energía mecánica rotatoria en energía hidráulica.

Hay un tipo de bomba hidráulica que lleva en su interior un par de engranajes de igual número de dientes que al girar provocan que se produzca el trasiego de aceites u otros líquidos. Una bomba hidráulica la equipan todas las máquinas que tengan circuitos hidráulicos y todos los motores térmicos para lubricar sus piezas móviles.

Mecanismo diferencial

El mecanismo diferencial tiene por objeto permitir que cuando el vehículo dé una curva sus ruedas propulsoras puedan describir sus respectivas trayectorias sin patinar sobre el suelo. La necesidad de este dispositivo se explica por el hecho de que al dar una curva el coche, las ruedas interiores recorren un espacio menor que las situadas en el lado exterior, puesto que las primeras describen una circunferencia de menor radio que las segundas.

El mecanismo diferencial está constituido por una serie de engranajes dispuestos de tal forma que permite a las dos ruedas motrices de los vehículos girar a velocidad distinta cuando circulan por una curva.

. . .

Así si el vehículo toma una curva a la derecha, las ruedas interiores giran más despacio que las exteriores, y los satélites encuentran mayor dificultad en mover los planetarios de los semiejes de la derecha porque empiezan a rotar alrededor de su eje haciendo girar los planetarios de la izquierda a una velocidad ligeramente superior. De esta forma provocan una rotación más rápida del semieje y de la rueda motriz izquierda.

El mecanismo diferencial está constituido por dos piñones cónicos llamados planetarios, unidos a extremos de los palieres de las ruedas y otros dos piñones cónicos llamados satélites montados en los extremos de sus ejes porta satélites y que se engranan con los planetarios.

Una variante del diferencial convencional está constituida por el diferencial autoblocante que se instala opcionalmente en los vehículos todoterreno para viajar sobre hielo o nieve o para tomar las curvas a gran velocidad en caso de los automóviles de competición.

Caja de velocidades

Eje primario de caja de cambios.

. . .

En los vehículos, la caja de cambios o caja de velocidades es el elemento encargado de acoplar el motor y el sistema de transmisión con diferentes relaciones de engranes o engranajes, de tal forma que la misma velocidad de giro del cigüeñal puede convertirse en distintas velocidades de giro en las ruedas. El resultado en las ruedas de tracción generalmente es la reducción de velocidad de giro e incremento del torque.

Los dientes de los engranajes de las cajas de cambio son helicoidales y sus bordes están redondeados para no producir ruido o rechazo cuando se cambia de velocidad. La fabricación de los dientes de los engranajes es muy cuidada para que sean de gran duración. Los ejes del cambio están soportados por rodamientos de bolas y todo el mecanismo está sumergido en aceite denso para mantenerse continuamente lubricado.

Reductores de velocidad

Mecanismo reductor básico.

Los reductores de velocidad son mecanismos que transmiten movimiento entre un eje que, rota a alta velocidad, generalmente un motor, y otro que, rota a menor velocidad, por ejemplo una herramienta.

. . .

Se componen de juegos de engranajes de diámetros diferentes o bien de un tornillo sin fin y corona.

El reductor básico está formado por mecanismo de tornillo sin fin y corona. En este tipo de mecanismo el efecto del rozamiento en los flancos del diente hace que estos engranajes tengan los rendimientos más bajos de todas las transmisiones; dicho rendimiento se sitúa entre un 40 y un 90% aproximadamente, dependiendo de las características del reductor y del trabajo al que está sometido. Factores que elevan el rendimiento:

- Ángulos de avance elevados en el tornillo.
- Rozamiento bajo (buena lubricación) del equipo.
- Potencia transmitida elevada.
- Relación de transmisión baja (factor más determinante).

Existen otras disposiciones para los engranajes en los reductores de velocidad, estas se denominan conforme a la disposición del eje de salida (eje lento) en comparación con el eje de entrada (eje rápido). Así pues, serían los llamados reductores de velocidad de engranajes coaxiales, paralelos, ortogonales y mixtos (paralelos + sin fin corona). En los trenes coaxiales, paralelos y ortogonales se considera un rendimiento aproximado del 97-98 %, en los mixtos se estima entre un 70 % y un 90 % de rendimiento.

• • •

Además, existen los llamados reductores de velocidad de disposición epicicloidal, técnicamente son de ejes coaxiales y se distinguen por su formato compacto, alta capacidad de transmisión de par y su extrema sensibilidad a la temperatura.

Las cajas reductoras suelen fabricarse en fundición gris dotándola de retenes para que no salga el aceite del interior de la caja.

Deterioro y fallo de los engranajes

Las dos principales fuentes de fallo en un diente de engrane son por fricción y flexión, (llamados también pitting y bending en inglés), esto es debido a que las fuerzas lógicas durante la transferencia de la fuerza por el diente/engranaje, la fricción de diente contra diente y la fuerza que deben de resistir los dientes, (el que transfiere y el que recibe), como lo podemos apreciar en la gráfica del desplazamiento del punto de engrane.

Representación del desplazamiento de la fuerza normal en un engranaje recto.

Debido a la fricción sobre la superficie de los dientes, esta área se despiva, una de las cuales se vuelve anódica, mientras la otra se vuelve catódica, conduciendo esta zona a una corrosión galvánica localizada. La corrosión penetra la masa del metal, con iones de difusión limitados. Este mecanismo de corrosión por fricción es probablemente la misma que la corrosión por grietas crevice.

Para minimizar el deterioro de la fricción es necesario seleccionar el lubricante adecuado, tomando en cuenta no solo la potencia de la aplicación, así como la temperatura, ciclo de trabajo, etc.

La flexión sólo puede minimizarse seleccionando los materiales adecuados y/o seleccionando más material para el diente/engranaje, en otras palabras, seleccionando un engranaje más grande.

Como todo elemento técnico el primer fallo que puede tener un engranaje es que no haya sido calculado con los parámetros dimensionales y de resistencia adecuada, con lo cual no es capaz de soportar el esfuerzo al que está sometido y se deteriora o rompe con rapidez.

El segundo fallo que puede tener un engranaje es que el material con el que ha sido fabricado no reúne las especificaciones técnicas adecuadas principalmente las de resistencia y tenacidad.

. . .

También puede ser causa de deterioro o rotura si el engranaje no se ha fabricado con las cotas y tolerancias requeridas o no ha sido montado y ajustado en la forma adecuada.

Igualmente se puede originar el deterioro prematuro de un engranaje es que no se le haya efectuado el mantenimiento adecuado con los lubricantes que le sean propios de acuerdo con las condiciones de funcionamiento que tenga.

Otra causa de deterioro es que por un sobreesfuerzo del mecanismo se superen los límites de resistencia del engranaje.

La capacidad de transmisión de un engranaje viene limitada:

- Por el calor generado, (calentamiento)
- Fallo de los dientes por rotura (sobreesfuerzo súbito y seco)
- Fallo por fatiga en la superficie de los dientes (lubricación deficiente y dureza inadecuada)
- Ruido como resultado de vibraciones a altas velocidades y cargas fuertes.

Los deterioros o fallas que surgen en los engranajes están relacionadas con problemas existentes en los dientes, en el eje, o una combinación de ambos.

Las fallas relacionadas con los dientes pueden tener su origen en sobrecargas, desgaste y grietas, y las fallas relacionadas con el eje pueden deberse a la desalineación o desequilibrio del mismo produciendo vibraciones y ruidos.

Engranaje de linterna

Engranaje de linterna en el Molino de viento de Pantigo, Long Island (con la rueda dentada desplazada).

Un "engranaje de linterna" o "piñón de linterna", tiene en lugar de dientes, unas barras cilíndricas paralelas y dispuestas en un círculo alrededor del eje de giro, como las barras en una jaula redonda o en una linterna (fanal). El conjunto se mantiene unido por unos discos en cada extremo, en el que hay insertadas las varillas que forman los dientes y el eje. Los engranajes de linterna, al tener menos área de fricción, con muy poca precisión de ajuste, funcionan mejor que los de piñones sólidos, éstos necesitan una precisión mucho mayor para que funcionen mínimamente bien, aparte de que la suciedad puede caer a través de las barras en vez de quedar atrapada, aumentando el desgaste. Son más fáciles de fabricar y se pueden construir con herramientas muy simples, ya que los dientes no están hechos por fresado o mecanizado, sino por agujeros y barras insertadas.

. . .

El engranaje de linterna, a veces se utilizaba en los relojes, donde debía ser movido por una rueda dentada, que no se utilizaba como regulador. Aunque no fue inicialmente de la devoción de los fabricantes de relojes conservadores, se hizo popular en relojes de torre donde las condiciones de trabajo eran más adecuadas. Se utilizaron muy a menudo, en los movimientos de los relojes nacionales americanos.

14

La Pólvora

Como definición podríamos decir que la pólvora es una mezcla de sustancias con propiedades deflagrantes. La deflagración es un tipo de combustión rápida que produce llama, que se propaga lentamente por difusión.

Aunque generalmente ha venido aplicándose con finalidades destructivas, sus usos industriales y comerciales han surtido efectos importantes y de gran trascendencia, permitiendo una explotación más económica de recursos naturales que, de otro modo, hubieran debido obtenerse empleando la maquinaria relativamente rudimentaria de la que se disponía antes del siglo XIX.

Fue la China antigua quien notó que la pólvora podía ser utilizada en armas, en el siglo XI.

. . .

Sin embargo, se cree que los alquimistas ya habían tropezado con los componentes de la pólvora y supieron de sus propiedades combustibles mucho antes de que los chinos la usaban para librar batallas.

Un poco de historia

La pólvora fue el primer explosivo conocido; su fórmula aparece ya en el siglo XIII, en los escritos del monje inglés Roger Bacon, aunque parece haber sido descubierta por los chinos, que la utilizaron con anterioridad en la fabricación de fuegos artificiales. Parece ser que la pólvora fue inventada como consecuencia accidental de la búsqueda de los taoístas por una pócima de la inmortalidad, pero encontraron una receta mortal. De hecho, las primeras referencias a la pólvora las encontramos en textos herméticos advirtiendo de los peligros de mezclar determinadas sustancias.

Joseph Needham estudioso de la literatura e instituciones chinas, intentó explicar quién inventó la pólvora. En este sentido, destaca que la misma surgió como resultado de una mezcla con sustancias explosivas utilizadas en una investigación sobre las propiedades químicas y farmacéuticas de diferentes sustancias.

Aunque el salitre, el cual es el principal compuesto de la pólvora, era ampliamente conocido por boticarios y alquimistas de la China antigua. Este compuesto, fue investigado a tal punto, que lograron purificar y hasta recuperar su composición.

Estas evidencias datan del siglo VI d.C, es decir aproximadamente setecientos años previos a que fuera conocida esta sal en Europa y el mundo musulmán.

Hay pruebas concluyentes de que los alquimistas chinos sabían de salitre alrededor de la primera mitad del siglo I. El salitre y el azufre se utilizaban ampliamente en la medicina china.

La primera mención de la pólvora data de 142 d.C, durante el reinado de la dinastía Han. Un alquimista chino llamado Wei Boyang fue el primero en dejar información escrita de la pólvora. Sólo mencionó una mezcla de tres polvos que "volaban y bailaban violentamente" cuando se encendían. No hay más información acerca de este polvo disponible en sus escritos. Sin embargo, suponemos que se refería a la pólvora, ya que ningún otro explosivo a partir de tres polvos era conocido en el mundo en ese momento. Pero hay algunos que sostienen que Wei Boyang fue probablemente un taoísta que estaba buscando una poción mágica que otorgaría inmortalidad, que era algo en lo que muchos alquimistas chinos estaban trabajando en aquellos días.

. . .

La evolución de la pólvora para armas fue gradual. Un texto escrito en el año 300 d.C por un erudito chino con el nombre de Ge Hong hace una clara mención de la pólvora y lo más importante, de su carácter explosivo. Perteneció a la época de la dinastía Chin. Sin embargo, en sus escritos, también mencionó que los alquimistas de la época no pudieron frenar la combustión de la mezcla explosiva, algo que algunos investigadores tuvieron que pagar con sus vidas.

Diversas teorías sobre la quema del salitre y nitrato de sodio y sobre el sulfuro en textos alquímicos chinos de 492 d.C los proponían como eventuales sustancias purificadoras (de allí su nombre: pinyin, "medicina de fuego"), aunque fueron sus propiedades incendiarias las que realmente marcaron una diferencia.

No fue sino hasta el siglo séptimo d.C, durante el reinado de la dinastía Tang, cuando la naturaleza explosiva de la pólvora pudo ser regulada y puesta en uso. Sus virtudes curativas fueron pronto superadas por sus utilidades bélicas. Algunos registros sobre el descubrimiento de la pólvora indican que la dinastía Tang utilizó la mezcla en antiguos fuegos artificiales chinos. Sin embargo, desde el fin de la dinastía Tang, hasta principios del siglo 10, los chinos hicieron rifles rudimentarios rellenando los huecos de bambú con pólvora.

. . .

En el siglo X ya se utilizaba con propósitos militares en forma de cohetes y bombas explosivas lanzadas desde catapultas. Los chinos adoptaron caños de bambú reforzados con hierro para disparar piezas metálicas a los invasores mongoles. Antes habían desarrollado ya una importante cantidad de armas similares, como bombas, cohetes y lanzallamas.

El Wu jing zong yao (El libro del dragón de fuego), un tratado militar de 1044, contiene una receta que aún funciona. Además de nitrato, sulfuro y carbón, componentes esenciales, incorpora también albayalde (carbonato de plomo), cera amarilla, resina de pino y arsénico. Explota, pero prende mal. En un recipiente cerrado, arde de forma lenta e incompleta por su baja proporción de nitrato. Imposible fabricar con ella un sencillo petardo.

Esta primera pólvora militar –fruto, sin embargo, de décadas de experimentación– no se usaba para matar al enemigo o destruir sus fortificaciones, sino para quemarlo. "Las primeras armas de fuego no son como las concebimos hoy: cañones, mosquetes, morteros y granadas. Eran raras, de uso torpe e incluso ridículas".

Algunos sostienen que los chinos ya usaban la pólvora durante los años 904 a 906 en proyectiles incendiarios llamados fei-ho (fuego volador). Sin embargo, algunos no creen en esta afirmación.

Dicen que fue utilizada por primera vez por los chinos en batallas en 919 dC para encender otro incendiario llamado el "fuego griego".

Fueron los emperadores de la dinastía Song (960-1270) los que incorporaron las armas de fuego a la guerra para defenderse de los ejércitos de los Jin (1115-1234). De hecho, comenzaron a utilizar rifles de pólvora y cañones hechos de hierro. Antepasados de los manchúes, atacaron Kaifeng, la capital Song, en 1126. En el asedio de la ciudad, de más de un millón de habitantes, atacantes y defensores usaron "bombas de trueno": desde antepasados de las granadas de mano a grandes proyectiles lanzados por catapultas.

"Por la noche se utilizaban bombas de trueno, que alcanzaban bien las líneas del enemigo y lo sumían en una gran confusión", cuenta una crónica del asedio. Vencieron los Jin, que un siglo más tarde defendieron Kaifeng del asedio mongol. Esta vez, sus "bombas de trueno que hacen temblar el cielo" no impidieron su derrota.

La primera batalla en la que los pueblos occidentales se enfrentaron a un ejército mongol que llevaba armas de fuego fue la batalla de Mohi (1241) en que el Reino de Hungría fue derrotado por los invasores tártaros y mongoles.

. . .

Las armas de fuego llegaron a Occidente a lo largo de los siglos siguientes y le brindaron a las naciones europeas la ventaja frente a otros pueblos enemigos.

Se cree ampliamente que el mundo islámico adquirió el conocimiento de la mezcla explosiva en algún momento entre 1240 y 1280. A partir de aquí, las recetas de la pólvora se distribuyeron por todo el mundo. En general se cree que la tecnología de la pólvora fue llevada a la India a mediados del siglo XII por los mongoles que habían conquistado la India y China. Sin embargo, otros sostienen que llegó a la India sólo unos cien años más tarde.

El cañón de Xanadú, construido en 1298, mientras los mongoles de la dinastía Yuan (1279-1368) dominaban China, es el más antiguo del mundo. Pesa seis kilos y mide solo 35 centímetros de longitud.

El conocimiento de la pólvora se extendió rápidamente a Europa, probablemente a través de la Tercera Cruzada o a través de la Ruta de la Seda. Roger Bacon de Inglaterra fue uno de los primeros europeos que mencionaron la pólvora.

El primer cañón europeo data de 1326. O, al menos, su representación. Sobre el esplendor, la sabiduría y la prudencia de los reyes, Walter de Milemete incluye una miniatura de un artillero prendiendo la mecha de un cañón.

Durante el siglo XIV el uso de cañones se generalizó tanto en China como en Europa, pero el problema seguía residiendo en crear tubos de metal capaces de contener las tremendas explosiones que se producían en su interior.

"En China había más artilleros que caballeros, soldados y pajes en Francia, Inglaterra y Borgoña juntas". Y, lo más importante, sabían mantener un fuego continuo, una habilidad que los europeos tardaron siglos en adquirir. Sin embargo, Occidente había empezado a superar a China en una cuestión que acabaría siendo esencial: el tamaño de los cañones.

La pólvora se fabricaba en Inglaterra en 1334, y en 1340 Alemania contaba con instalaciones para su fabricación.

Un ejemplar, muy similar al cañón de Milemete, fue encontrado en 1861 en Loshult (Suecia). Probada en un campo de tiro, una réplica disparó tanto flechas como bolas de plomo y metralla, capaces de atravesar las armaduras del siglo XIV. Esa fue la función que los ingleses dieron a los cañones en la batalla de Crécy (1346), una de las más importantes de la guerra de los Cien Años. Protegidos por un pequeño contingente de artilleros, los arqueros del monarca inglés Eduardo III derrotaron a los caballeros franceses de Felipe VI. Los proyectiles artilleros tenían menos alcance que las flechas, pero podían penetrar las armaduras.

. . .

Probados con éxito en el campo de batalla, los cañones europeos tuvieron muy pronto una finalidad muy distinta a la de los chinos: destruir las murallas de las ciudades enemigas.

Parece ser que el primer intento de utilización de la pólvora para minar los muros de una fortificación tuvo lugar durante el sitio de Pisa en el año 1403.

En la segunda mitad del siglo XVI, la fabricación de pólvora en la mayoría de los países era un monopolio del Estado, que reglamentó su uso a comienzos del siglo XVII.

Por otro lado, algunos historiadores dan el crédito de la invención de la pólvora a los árabes, Roger Bacon y también a Berthold Schwarz, un monje franciscano de Alemania.

Sin duda, la invención de la pólvora revolucionó el mundo, cambiando las artes militares, impulsando una nueva era bélica de armas de fuego, cambiando el modo en que se entendía la guerra y otorgando al mundo un nuevo balance de poder, pues las tropas armadas con pólvora eran mucho más eficaces que aquellas provistas de armas cuerpo a cuerpo, y poseían mucha más capacidad de daño que las flechas, lanzas y otras armas arrojadizas.

• • •

El uso de la pólvora y los explosivos permitió la aparición de toda una nueva gama de herramientas de guerra, como cañones, escuadras de demolición, bombas, minas y un gigantesco y diverso arsenal de rifles y pistolas.

En cuanto a la pirotecnia, fue inventada por los chinos y era el primer uso al que estaba destinada la pólvora. Los dispositivos pirotécnicos están compuestos generalmente por una mezcla de pólvora y otras sustancias que son las responsables de producir ciertos colores, ruido y humo. Sin embargo, también existen formas de pirotecnia especializadas, como las bengalas empleadas en las misiones de rescate o de señalamiento, así como en la lucha antigranizo o en la iluminación de ciertos espacios.

Tipos de pólvora:

Existen distintos tipos de pólvora, pero generalmente con ese nombre nos referimos a la "pólvora negra", el primer explosivo conocido en la historia. Sin embargo debemos hablar de:

- Pólvora negra. Es la más antigua, la primera en inventarse. Tiene una reacción rápida, potente y que produce mucho humo. Luego de reaccionar dejaba muchos residuos en los conductos de las armas de fuego, lo que producía un deterioro.

- Pólvora marrón. Inventada en 1880 a partir del uso de carbón rojo y una mayor cantidad de salitre, lograba una combustión más lenta y con menos residuos corrosivos. Sin embargo, nunca se usó demasiado porque la pólvora blanca surgió al poco tiempo.
- Pólvora blanca. También llamada pólvora sin humo o pólvora piroxilada, tiene componentes mayormente gaseosos como resultado de la combustión, por lo que no deja la misma cantidad de residuos que la pólvora negra. Por esa razón, la fue sustituyendo en las armas de fuego.
- Pólvora flash. De reciente invención, fue creada para generar la luz necesaria para la fotografía primitiva (de ahí su nombre), ya que posee aditivos de aluminio que, al producirse la combustión, se oxidan y generan mayor cantidad de luz.

La invención de la pólvora

Para fabricar la pólvora se requiere de la trituración y mezcla uniforme de los ingredientes (salitre, carbón y azufre), en un procedimiento que antiguamente se hacía a mano, pero que se pudo luego mecanizar usando prensas movidas por agua, por ejemplo.

. . .

Los ingredientes deben ser molidos en un polvo más o menos fino, ya que su combustión depende directamente del tamaño de su granulación. No obstante, los métodos de fabricación y manipulación de la pólvora fueron cambiando a medida que se iban adquiriendo más conocimientos sobre esta mezcla. Así, inicialmente se transportaba la mezcla desde el lugar donde se fabricaba hasta el lugar donde se iba a utilizar, lo que era muy peligroso debido al riesgo de explosión por golpes o cambios de temperatura. Pero después, comenzaron a transportar los componentes por separado y se mezclaban en el lugar donde se iba a utilizar la mezcla.

Usos actuales de la pólvora

La pólvora se emplea actualmente para:

- Fabricar municiones de armas de fuego, de artillería, bombas, minas y otros instrumentos de naturaleza bélica.
- Fabricar juegos pirotécnicos (fuegos artificiales) para celebraciones y fines decorativos.
- Fabricar detonadores y otros instrumentos para la demolición controlada de edificaciones y estructuras.

Es indudable que la invención de la pólvora permitió el nacimiento del estudio de los explosivos, que más allá de sus fines armamentísticos inmediatos, sirvió, por ejemplo, para nutrir a la industria aeronáutica.

No obstante, podría afirmarse que no debe haber en la historia humana una invención tan mortífera como las armas de fuego.

Conclusión

Hay muchos animales compartiendo el planeta Tierra con nosotros, pero solo nosotros, los humanos, hemos cambiado radicalmente el mundo en el que vivimos con nuestros inventos.

Los inventos en este libro son solo la punta del iceberg y, sin embargo, ¡qué punta tan asombrosa es! Si nos tomamos un momento para considerar un mundo en el que solo falta uno de estos diez inventos, podemos ver claramente cuán importantes son para nuestras vidas.

Hemos aprendido en este libro que los inventos humanos a menudo surgen de una necesidad. La imprenta fue inventada para hacer que los libros estén disponibles.

Los animales y los humanos solo pueden hacer una cantidad limitada de trabajo, por lo que la necesidad de aumentar la producción de los humanos condujo primero a la máquina de vapor y luego a la electricidad.

Conclusión

La muerte por enfermedad condujo a la invención de la primera vacuna y el primer antibiótico.

Sin embargo, lo que hemos aprendido es que cada invento tenía muchos maravillosos efectos colaterales. La imprenta llevó a la alfabetización generalizada. Ahora leer y escribir era algo a lo que solo la élite tenía acceso.

Una vez que la gente supiera leer y se educaran, querían cambiar, llegó el Siglo de las Luces y el mundo nunca volvió a ser el mismo.

La invención de la máquina de vapor creó el ferrocarril por el que viajaban los trenes a vapor y los barcos de vapor que transportaban a las personas a lugares desconocidos para construir sus hogares y a través de los mares, a tierras extranjeras con las que nunca antes habían podido soñar.

La electricidad permitió a las personas permanecer despiertas más tiempo ya que tenían luz en sus hogares y en las calles de la ciudad. El motor eléctrico condujo al avión y pronto la gente estaba haciendo viajes transatlánticos en horas que antes tomaban meses.

También condujo a la computadora, que finalmente llevó a la gente aún más lejos, ¡hasta la luna!

La salud pública también fue revolucionada por el puñado de inventos en este libro.

Conclusión

Del frigorífico a la ralentización y reducir el crecimiento bacteriano en los alimentos, hasta los antibióticos que matan las bacterias dentro de nuestros cuerpos y nos salvaron de enfermedades que en el pasado eran mortales.

Ahora las personas viven vidas más largas y saludables gracias a los inventos humanos.

En este libro, descubrimos el hecho de que las ideas se pueden encontrar en cualquier lugar, a propósito o por accidente. Es la mente pensante del inventor la que convierte la observación en algo que cambiará el mundo. También está claro que la innovación engendra innovación.

Una persona da algunos pasos en la dirección correcta, sólo para inspirar al que viene detrás a continuar el viaje. La invención y la innovación son ocupaciones humanas que hacemos uno por uno pero uno, con un paso atrás, podemos ver que se realizan colectivamente.

La esperanza es que estos diez asombrosos inventos que que has leído aquí te han mostrado lo maravillosa que una persona curiosa puede ser.

El futuro está lleno de inventos aún por crear por una persona curiosa exactamente como tú.

www.ingramcontent.com/pod-product-compliance
Lightning Source LLC
Chambersburg PA
CBHW072159070526
44585CB00015B/1209